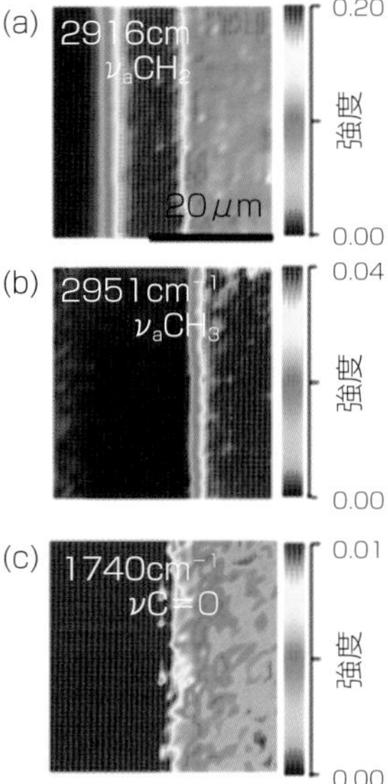

口絵 1　特定の波長で描画したイメージング図[22)]

図 2. 43 参照.

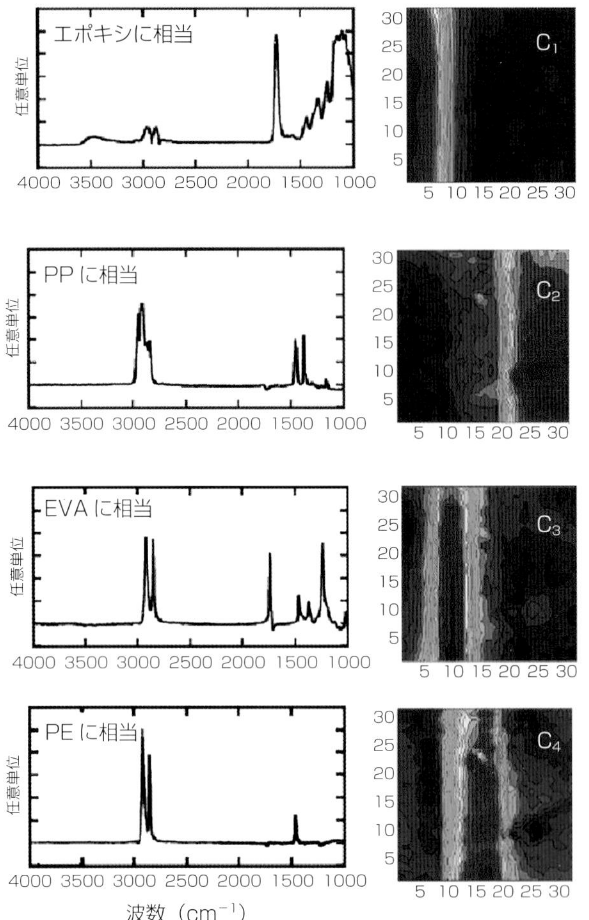

口絵 2　ALS で分離した 4 つのスペクトルとそのイメージング結果[22)]

図 2.44 参照.

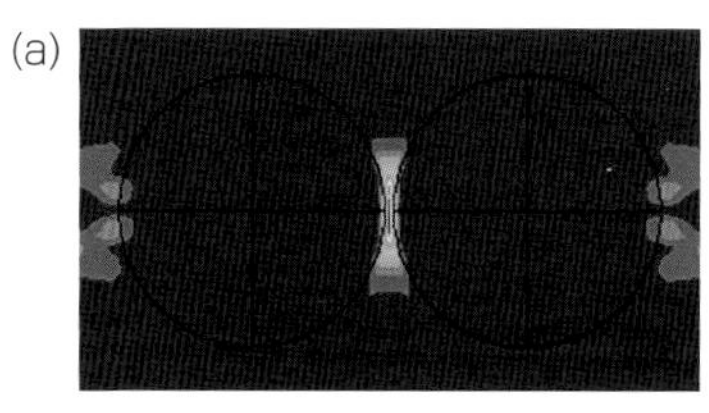

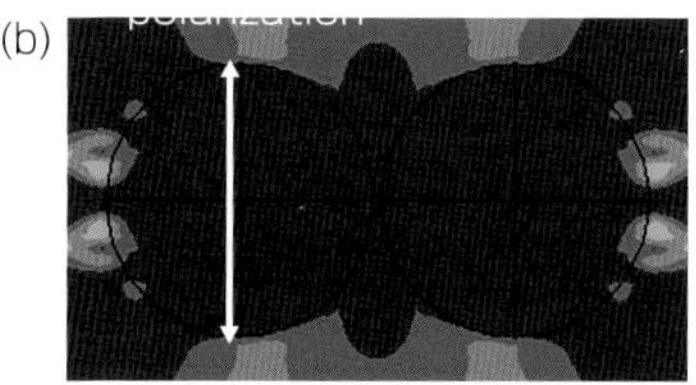

口絵 3　(a), (b) FDTD 法により計算された近接した 2 個の銀ナノ粒子間に生じる増強電場

図 3. 36 参照.

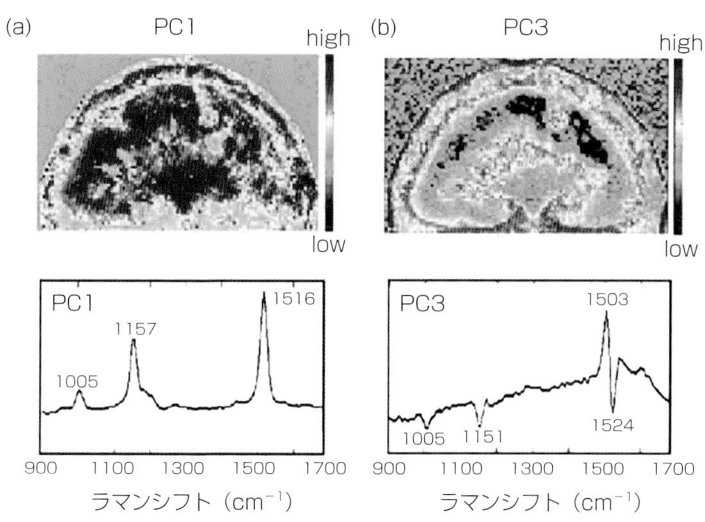

口絵 4　トマトの中のリコペンの (a) H 会合体, (b) J 会合体のラマンイメージング. これらのイメージングはトマトのイメージングデーターセットに主成分分析をかけて得たものである[36].

図 3. 42 参照.

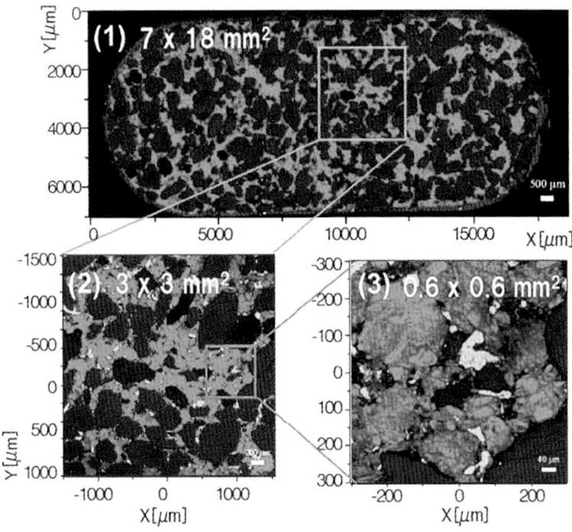

1 50μm ステップ（540 秒）

- 50,000 点の測定が 10 分以内に完了
- 均質に成分が分布している

2 10μm ステップ

- 第 4 の微量成分であるセルロース（黄）が検出され、錠剤全領域に分布していることが判明

3 2μm ステップ

- セルロース粒の形と大きさを明瞭に観察

アスピリン（赤）、パラセタモール（緑）、カフェイン（青）、セルロース（黄色）

口絵 5　ラマンイメージングによる薬剤分布観察.（1）50 μm ステップ,（2）10 μm ステップ,（3）2 μm ステップ

【出典】提供：株式会社堀場製作所
図 3. 43 参照.

分析化学
実技シリーズ
機器分析編・2

(公社)日本分析化学会【編】
編集委員／委員長　原口紘炁／石田英之・大谷　肇・鈴木孝治・関　宏子・平田岳史・吉村悦郎・渡會　仁
長谷川健・尾崎幸洋【著】

赤外・ラマン分光分析

共立出版

「分析化学実技シリーズ」編集委員会

分析化学実技シリーズ 刊行のことば

このたび「分析化学実技シリーズ」を日本分析化学会編として刊行することを企画した．本シリーズは，機器分析編と応用分析編によって構成される全30巻の出版を予定している．その内容に関する編集方針は，機器分析編では個別の機器分析法についての基礎・原理・装置・分析操作・実施例に関する体系的な記述，そして応用分析編では幅広い分析対象ないしは分析試料についての総合的解析手法および実験データに関する平易な解説である．機器分析法を中心とする分析化学は現代社会において重要な役割を担っているが，一方産業界においては分析技術者の育成と分析技術の伝承・普及活動が課題となっている．そこで本シリーズでは，「わかりやすい」，「役に立つ」，「おもしろい」を編集方針として，次世代分析化学研究者・技術者の育成の一助とするとともに，他分野の研究者・技術者にも利用され，また講義や講習会のテキストとしても使用できる内容の書籍として出版することを目標にした．このような編集方針に基づく今回の出版事業の目的は，21世紀になって科学および社会における「分析化学」の役割と責任が益々大きくなりつつある現状を踏まえて，分析化学の基礎および応用にかかわる研究者・技術者集団である日本分析化学会として，さらなる学問の振興，分析技術の開発，分析技術の継承を推進することである．

分析化学は物質に関する化学情報を得る基礎技術として発展してきた．すなわち，物質とその成分の定性分析・定量分析によって得られた物質の化学情報の蓄積として体系化された分析化学は，化学教育の基礎として重要であるために，分析化学実験とともに物質を取り扱う基本技術として大学低学年で最初に教えられることが多い．しかし，最近では多種・多様な分析機器が開発され，いわゆる「機器分析法」に基礎をおく機器分析化学ないしは計測化学が学問として体系化されつつある．その結果，機器分析法は理・工・農・薬・医に関連する理工系全分野の研究・技術開発の基盤技術，産業界における研究・製品・技術開発のツール，さらには製品の品質管理・安全保証の検査法として重要な役割を果たすようになっている．また，社会生活の安心・安全にかかわる環境・健康・食品などの研究，管理，検査においても，貴重な化学情報を提供する手段として大きな貢献をしている．さらには，グローバル経済の発展によって，資源，製品の商取引でも世界標準での品質保証が求められ，分析法の国際標準化が進みつつある．このように機器分析法および分析技術は科学・産業・生活・経済などあらゆる分野に浸透し，今後もその重要性は益々大きくなると考えられる．我が国では科学技術創造立国をめざす科学技術基本計画のもとに，経済の発展を支える「ものづくり」がナノテクノロジーを中心に進められている．この科学技術開発においても，その発展を支える先端的基盤技術開発が必要であるとして，現在，先端計測分析技術・機器開発事業が国家プロジェクトとして推進されている．

本シリーズの各巻が，多くの読者を得て，日常の研究・教育・技術開発の役に立ち，さらには我が国の科学技術イノベーションにも貢献できることを願っている．

「分析化学実技シリーズ」編集委員会

まえがき

“測る” ことが鍵である分析化学の中で，光を使って物質を測る分光法は，分析化学の主要な柱のひとつである．分光法は，化学にとって欠かせぬ第一歩である分子構造の理解に，大きな威力を発揮する．ひとくちに分子構造と言っても，その意味は一次構造，高次構造，分子集合構造，結晶多形，溶媒和構造などの階層構造からなり，1 つの分光法ですべてを網羅的に理解することはできない．

各階層構造の分光法による解析を，現在の視点で比べてみよう，分子の一次構造解析には NMR と質量分析法の組み合わせが決定的な威力を発揮している．一方，高次構造や分子集合構造の解析には，本書で扱う赤外・ラマン分光法がもっとも強力な解析手段のひとつである．結晶多形の解析には言うまでもなく X 線回折（XRD）法が必須である．しかし，結晶子のサイズが非常に小さくなると XRD のピークはブロードになって解析が困難となり，単分子膜レベルではむしろ赤外・ラマン分光法の方が結晶多形に関しても明快な知見を与える．このように，目的に応じた適切な分析手法を知っておくことは重要である．本書では，赤外・ラマン分光法でやれることを，最新の理解に基づいてできるだけ実用的に使いやすくなるように解説することを心掛けた．

赤外・ラマン分光法はいずれも日本で長い研究の歴史を持ち，とくに初期の基礎研究である “分子振動の解析” に，日本が与えた影響は非常に大きい．たとえば，東大の水島・島内研究室では，アルキル鎖の全体振動のひとつである縦アコーディオンモード（縦波音響モード；LAM）について理論と実験の両面で詳しく研究した．その結果，ラマンスペクトルに現れるこのモードの波数とアルキル鎖長との相関が定式化された（1949 年）．これにより，高分子であるポリエチレンは有限長のアルキル鎖が折り返したラメラ構造を持つことを見出し，ラメラ長も判明した．こうした発見は，XRDの方が先行しそうなイメージがあるが，XRDでは結晶化していることはわかっても，分子鎖が直鎖なのか折り返しているのかまでは判断できず，ラメラ構造の特定にはラマン分光法が適切だった好例である．

赤外・ラマン分光法は分子や結晶の固有振動を測る手法で，振動分光法の代表格である．近年は，振動分光法の中でも，和周波発生（SFG）に代表される非線形分光法への注目度が高く，“界面選択性”という言葉に魅力を感じる人も多い．事実，SFGには他の方法では得られない有用な情報が得られる大きなメリットがある．しかし，赤外・ラマン分光法でも平滑界面では界面の情報を豊富に取り出せることを忘れては理解のバランスが大いに欠ける．SFGの選択律が赤外およびラマン分光法の選択律の積であることを知っていれば，得られる分子情報は線形分光法である赤外・ラマン分光法の方が圧倒的に多いことはすぐにわかるだろう．先のXRDとラマン分光法の比較の例で示したように，ここでも目的に応じた分光法の選択が重要なのである．

多くの優れた分析手法が選び放題な時代だからこそ，それぞれの手法の深い理解と，それに基づく手法の選択に，自信に満ちた判断力が問われる．赤外・ラマン分光法は歴史こそ長いが，決して古めかしい手法ではない．むしろ，最先端の材料化学や生体分子分析などに圧倒的な分子情報を提供してくれる，発展が続く分光法である．あとは，これらを活かして，スペクトルから定性・定量的に分子情報を読み解く力が求められており，そのエッセンスを本書で感じていただければ幸いである．

コストパフォーマンスが高く，ラボで手軽にスペクトルを測定して，手元にある試料の詳細な分子構造情報が得られる赤外・ラマン分光法を研究の現場で活かせれば，化学者が求める研究はいずれも大いに加速するだろう．習うより慣れろ．本書を片手に，ぜひ身近にある赤外・ラマン分光器をまずは使ってみてほしい．そして，1つのバンドだけを見るのではなく，可能な限り多くのバンドの波数位置や強度を粘り強く議論してほしい．そのとき必ず道が開け，研究が大いに加速することを実感できるであろう．

2020年8月

長谷川　健

目　次

Chapter 3　ラマン分光法　*101*

イラスト／いさかめぐみ

Chapter 1
振動分光法

本書で扱う赤外（infrared；IR）分光法とラマン（Raman）分光法は，分子の“振動”を介して分子構造を読み解く分光法である．とくに扱う系を凝縮系（気体以外）に限定すると分子回転を除外でき，振動だけに話を集中できる．このため，いずれも振動分光法（vibrational spectroscopy）と呼ばれる．両者には，振動分光法としての共通点があると同時に，測定原理の違いによる差異もたくさんある．本章では，振動分光法の代表である赤外およびラマン分光法をおおまかに比較しながら，本質的な共通点と差異について見ていく．

1.1 光を利用した分析法

分光学（spectroscopy）を利用した分析法では，光（電磁波）を分子に当てて生じる光の吸収や散乱をスペクトルとして読み取り，分子構造および分子の集合構造を明らかにする．比較的簡単な吸収分光法だけ見ても，当てる光の波長によって分子に生じる現象は本質的に異なる．よく使われるいくつかの電磁波について，物質による吸収とそのとき生じる分子の代表的な変化を波長ごとに**表 1.1** に示す．

この表で示すように，赤外吸収により分子の振動が励起される．このため，赤外分光法は代表的な振動分光法である．それに対し，ラマン分光法は光の吸収ではなく散乱現象を用い，光吸収についてまとめた表 1.1 には現れていない．しかし，分子の基準振動について赤外分光法と対等に議論できるスペクトルを与えるので（3 章参照），やはり振動分光法である．なお，以下に述べる遠赤外から近赤外までを含めて，広義の赤外分光という．

表 1.1 にある赤外分光法の波長領域は**中赤外**（mid IR）領域[1,2]ともいい，主として“**基本音**（fundamental)”と呼ばれる分子振動を測定する．調和振動子近似のもとでの選択律（2.1 節）により，赤外分光法で測定できる分子振動は，基本音が主体である．その意味で中赤外光による分光法が，狭義の振動分光である．

それに対して，分子の化学結合に非調和性がわずかにあることが原因で，基本音の倍音や結合音が生じる．このような，いわゆる**禁制遷移**（forbidden transition）による弱い吸収を測定するのが**近赤外**（near IR；NIR）分光法[3]である．この波長領域は，可視光の長波長側と見ることもでき，その意味で近赤外光は，赤外光と可視光の中間領域である．すなわち，振動遷移と電子遷移の両方の性格を併せ持つ．実際，倍音・結合音などによる振動バンドのほかに，

表 1.1　電磁波の波長領域と分子が電磁波を‘吸収’したときに生じる主な変化

電磁波の波長領域	凝縮系で分子に生じる変化
マイクロ波（1 mm～1 m）	分子の回転
遠赤外線（25～1000 μm）	分子間振動，分子の全体振動
赤外線（2.5～25 μm）	**分子振動**
近赤外線（0.8～2.5 μm）	非調和性による基準振動の倍音および結合音 あるいは d–d 遷移などの長波長電子遷移
可視光線（400～800 nm）	HOMO–LUMO 遷移に伴う電子雲の変形
紫外光線（10～400 nm）	Rydberg 遷移を含む電子雲の変形
X 線（0.1 nm～10 nm 程度）	内殻（K 殻など）からの大きなエネルギー遷移に伴う電子雲の変形

電荷移動錯体の d–d 遷移などに見られる電子遷移の長波長バンド（ラポルテ禁制なので弱く，またブロード）が重なって現れる領域で，化学としての情報量が豊富な波長域ともいえる．

振動分光法としての近赤外分光は，基本音に比べて 1/100 程度の弱い吸収を扱い，試料の濃度変化に対してもわずかな吸光度しか与えない．しかし，これは言い換えると試料に対して透明性が高い波長領域とも言え，農産物や生体などの奥深く（mm スケール，あるいはそれ以上）まで光が到達できることを意味する．このため，非破壊，非侵襲（試料に傷をつけない）の分析が望まれる医学，農学，製剤学などにとって，近赤外分光は極めて実用性が高い．ただし，わずかな吸光度変化と，倍音・結合音が複雑に重なったスペクトルを扱うため，ケモメトリックス[1,2]のようなコンピュータを利用した解析手法を必要とする場合が多い．

一方，赤外線よりエネルギーの低い**遠赤外**（far IR；FIR）線は，秤動（libration）運動よりもさらに低い振動エネルギー領域に対応し，もはや 1 分子が示す基本音振動とは言えないエネルギー領域である．この領域は，分子“間”振動をとらえていることが多く，分子の集合構造の変化に極めて敏感である．この領域は，テラヘルツ（THz）領域とも呼ばれ，光と電波の中間的な周波数帯である．THz 光源や検出器の急速な発展により，物理分野での発展が著しく，化学でも結晶多形の分類など，新たな発展が期待される領域である．なお，この低振動領域は，ラマン分光法でも測ることができ[4]，その意味でも振動分光法として認識されている．

1.2 電磁波としての光

分光分析に使う光の本質は**電磁波**で，レーザー以外の一般の光でも“平面波”とみなすと便利である．たとえば，小さな点のような光源を起点として，球面のイメージで放射状に光が広がる場合でも，光源からある程度遠く離れた位置での小さな範囲を考えると，もはや球面には見えず，平面とみなすことができ，これを**平面波近似**という．すなわち，レーザー光線も含めて，考えている小さな範囲まで光源から一直線に，光が広がらずに進むイメージで考えられ，話が簡単になる．

平面波近似での電磁波の3次元的なイメージは，**図 1.1**(a) のように描ける．電磁波は**電場**（E）と**磁場**（H）の時間（t）的振動が互いに直交する．本

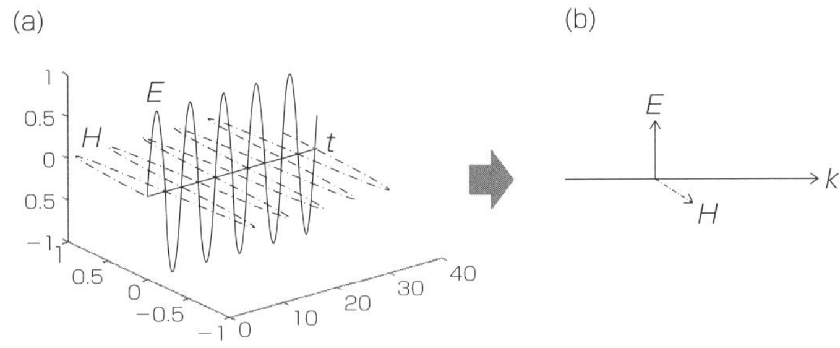

図 1.1 (a) 平面波近似での電磁波のイメージ．スピンを考えない光吸収では，電場（E：実線）のみを考え，磁場（H：一点鎖線）は近似的に無視できる．(b) EとHをベクトル表記し，進行方向を波数ベクトル（k）で表記した平面波の簡略図．

来，電場の振動は磁場の振動を生み（アンペールの法則），逆に磁場の振動は電場の振動を生む（ファラデーの法則）という互いに生み合う関係のため，電磁波は直観ではわかりにくい複雑な状況にある．しかし，それぞれを微分方程式で記述した式（マックスウェル方程式）を連立させて解くと定常状態を明らかにでき，その結果が図 1.1(a) のようなシンプルな姿である．

これをより簡潔に描いたのが図 1.1(b) である．電場と磁場の方向が定まっていることを，ベクトル表記で描いてある．このように，電場（または磁場）の向きが一様に定まっている光を**偏光**（polarization）という．よく“光の偏光方向”といった表記を見かけるが，正しくは“光の電場（または磁場）の方向”と書くべきである．偏光は，電場の向きが揃っていない非偏光を**偏光子**（polarizer）に通すことによって得られる．偏光子は，赤外分光法にはワイヤーグリッド型がよく用いられる（2.7 節）．一方，可視光励起のラマン分光法にはグラントムソン型，紫外光励起にはグランテーラー型の偏光子がよく使われる．

本書で扱う光過程にはスピンが関係しないため，磁場の寄与は無視する．これにより，電場振動だけを考えれば振動分光法のほとんどを理解することができる．この電場の振動数のことを光の振動数と言い換えることもある．

1.3 電磁波と分子の相互作用：赤外およびラマン分光法

電磁波が分子の振動と相互作用し，スペクトルを取り出す機構について，古典論的なイメージに沿って説明する．定量的な議論は量子論を必要とするが，機構の本質は古典的な描像で説明できる．

1.3.1 赤外分光法

電場は空間的に電位勾配のある場で，電荷に力を与える．このため，正負一対の電荷（$\pm q$）が結びついた**双極子**（dipole）を電場に置くと，それぞれの電荷が電場から力を受け，双極子モーメント μ（式（1.1））はポテンシャル U を得る（**図 1.2**）．

$$\mu = qr \tag{1.1}$$

ここで，r は 2 つの電荷の距離で，負から正への向きをプラスに取るベクトル量である（電場の向きとは逆の定義）[5]．すなわち，μ もこれと同じ向きを持つ．

電磁波の電場は角周波数 ω の交流電場であるため，双極子モーメントは同じ角周波数 ω で揺すられる．この現象は，電磁気学的に精密に議論することができ，以下の 3 つの場合に分けられる．

① 双極子の固有振動数 ω_0 が $\omega < \omega_0$ の場合，双極子の振動が電場振動に位相遅れなく追随できるが，これは共振ではなく，電磁波を吸収しない．

② $\omega > \omega_0$ の場合，双極子の振動は電場振動に追いつけず，電磁波を吸収しない．

③ $\omega = \omega_0$ の場合のみ，双極子の振動は電場振動と同じ周波数で揺れると同時に，電場に対して位相遅れ（タイミングがずれる）を示すようになり，このとき大振幅での共振が起こり，電磁波のエネルギーを吸収する．

この③の場合が，分子振動による赤外光吸収の本質に該当する．①が電磁波を

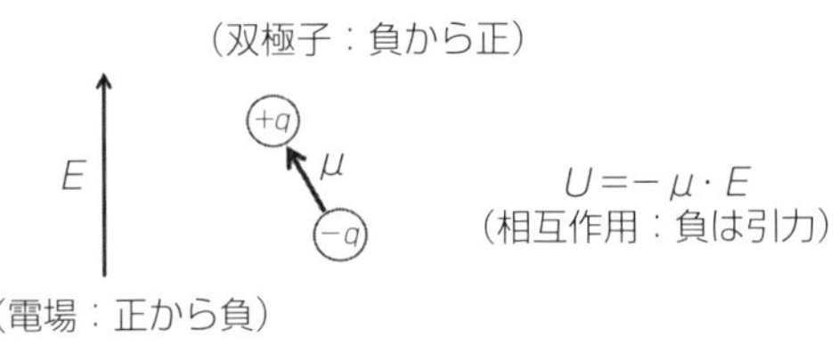

図 1.2 電場と双極子モーメントの相互作用

吸収しない理由については，ここでは説明しない[1)]．

分子全体が電気的に中性であっても（イオン性がなくても），電気陰性度の異なる2つの原子が化学結合でつながった部分は，局所的に双極子とみなせる．したがって，等核二原子分子のような例外を除いて，たいていの分子は双極子のかたまりと考えることができる．そこで，分子に光（振動電場）を当てると，上記の機構により双極子を介して分子が赤外光によって揺すられ，とくに分子が持つ固有振動と共振する場合に光吸収が起こる．これを利用した分光法が赤外吸収分光法で，単に**赤外分光法**（IR spectroscopy）という．もう少し詳しい内容は1.5節で述べる．

1.3.2 ラマン分光法

分子振動の共振周波数よりはるかに高い振動数の光（たとえば可視光）を，発色団のない無色の分子に照射すると，当然，振動遷移および電子遷移のいずれも起こらない．つまり，光吸収はまったく起こらない．しかし，照射した光の電場 E は化学結合周辺の電子雲を変形させる（式（1.2））．

$$p = \alpha E \tag{1.2}$$

電場による電子雲の歪みやすさの程度を**分子分極率**（molecular polarizability）α といい，この歪みによって追加的に誘起された双極子 p を**誘起双極子**（induced dipole）という．振動する誘起双極子は“微小アンテナ”として働き，当てた光の電場振動と分子の固有振動の両方に影響を受けた振動数で電磁波を発する．すなわち，次の2種類の電磁波が混じった状態で放射され，こうした電磁波放射を“散乱（scattering）”という．

A）レイリー散乱：当てた光と同じ振動数の光

B）ラマン散乱：当てた光の振動数から**分子の振動数だけずれた振動数**の光

このうち，B）を測る**ラマン分光法**（Raman spectroscopy）では，当てた光（励起光）の振動数を原点として，そこからのずれを**ラマンシフト**（Raman shift）として横軸に表示することで，赤外分光法と同様に，分子の固有振動数をスペクトルとして表すことができる．

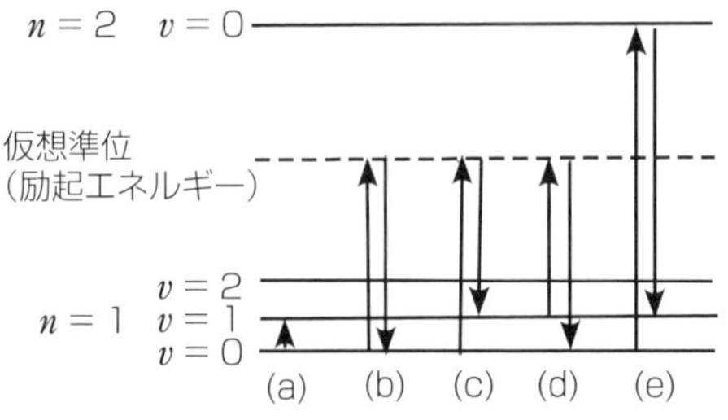

図 1.3　赤外分光法とラマン分光法のエネルギー遷移．(a) 赤外分光法，(b) レイリー散乱，(c) 非共鳴ストークスラマン分光法，(d) 非共鳴アンチストークスラマン分光法，および (e) 共鳴ストークスラマン分光法

以上のことを，エネルギーダイヤグラムで表現すると，**図 1.3** のように描ける．

この図の n および v は電子状態および振動状態を表す量子数である．図 1.3 (a) は電子基底状態 (n=1) での振動基底状態 (v=0) から励起状態 (v=1) への**赤外線吸収**遷移 (v=1←0) を表す．赤外分光法では，近似的にこの過程のみが測定されるとみなしてよい．すなわち，v=2←1 の“ホットバンド”や v=1→0 の“放射”は，測定にほとんど影響しない．

一方，ラマン分光法では吸収のない可視光を励起光とする場合，図 1.3(b) の上行きの矢印のようにエネルギーが上がり，**中間状態**に達する．中間状態を表すエネルギー準位を**仮想準位**（図 1.3 の破線）という．仮想準位は量子力学的に許された n=2 の準位とは違って極めて不安定で，すぐにエネルギー緩和する．その際，もとの振動基底状態まで戻る遷移（図 1.3(b)）を**レイリー散乱**（Rayleigh scattering）という．一方，振動励起状態に緩和する場合（図 1.3(c)）も少ない確率ながら存在し，これを**ラマン散乱**（Raman scattering）という．この例のように，電子励起状態を経由しないラマン散乱を**非共鳴**（non-resonance）ラマンという．非共鳴ラマン散乱は，レイリー散乱に比べて強度が桁違いに弱く（$\sim 10^{-6}$），明るすぎて邪魔になるレイリー光を十分に除去しないと，弱い（暗い）ラマン散乱はレイリー光に埋もれてしまい，測ることはできない．現在，レイリー光を除去するには，ノッチフィルター（notch filter）やエッジフィルター（edge filter）のような，光学フィルターを

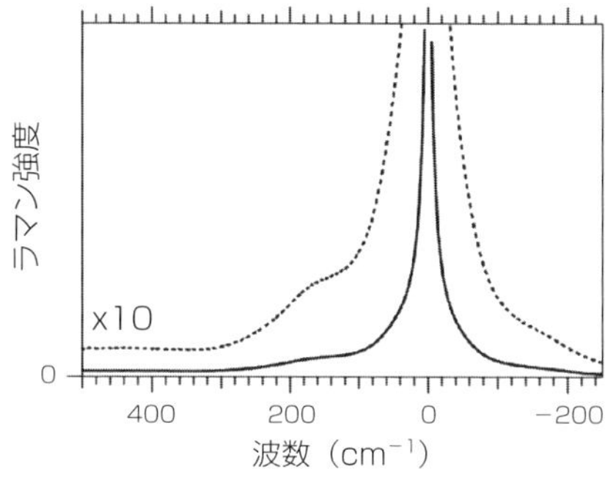

図 1.4 水のラマンスペクトル（低波数領域）．正の波数がストークス側，負の波数がアンチストークス側を表している．破線は 10 倍にした拡大図[6]．

Chapter 1

使うことが主流である．

ところで，ラマン散乱の選択律（3.2 節）によると，$v=0$ から始まって $v=1$ に終わる場合（図 1.3(b)）と，$v=1$ から始まって $v=0$ に終わる場合（図 1.3(c)）の両方が許容遷移で，それぞれ**ストークス**および**アンチストークス**過程と呼ぶ．アンチストークスは，熱励起状態に当たる $v=1$ から始まるため，ストークスに比べてさらに散乱強度が弱くなる．

図 1.4 に，水のラマンスペクトルの低波数領域を示す[6]．横軸の波数がラマンシフトで，正側がストークスを，負側がアンチストークスを表す．5 つの水分子クラスターを用いた計算によると，190 cm^{-1} の肩バンドが水の分子間伸縮振動に相当するもので，明らかにストークス側が大きな強度で表れている．ストークスとアンチストークスのラマンバンドの強度比は，ボルツマン因子 ($\exp(-\Delta E/k_B T)$) を反映した $v=0$ および $v=1$ の占有密度の比に対応する．このため，強度比から測定中の分子環境の温度を知ることもできる．

エネルギーダイヤグラムによるこうした議論では，赤外分光法とラマン分光法は，“同じ振動数を異なる手法で測っているだけ” のように見える．しかし，両者は異なるメカニズムで分子振動を励起するので選択律が異なり，それが原因で実際には異なるモードを見ていることもある（1.6 節）．すなわち，赤外スペクトルとラマンスペクトルの単純比較には注意が必要で，とくに繰り返し構造を持つ高分子材料や，炭素より大きな質量のフッ素が水素に置き換わった有機フッ素化物の解析には気を付ける必要がある[1].

1.4 基準振動とグループ振動

振動スペクトルの理解に“振動の形”の把握は欠かせない．それには，分子の固有振動である“基準振動”を理解する必要がある．

分子振動は，分子を構成する原子を“おもり”に，共有結合を“ばね”に見立てた模型がよい物理モデルを与える．おもり2個が1本のばねでつながった簡単なダンベル型の模型の場合（**図1.5**），2つのおもりの質量が互いに違っていても，特定の振動数で模型が大きく伸び縮みする“共振周波数”が1つだけ存在する．

一方，3つ以上のおもりを複数のばねでつないだ振動子模型では，模型全体の共振周波数が“複数”現れることが重要である．たとえば，3つのおもりと2つのばねからなる“への字型”の水（H_2O）の単一分子模型を作り，模型を揺らす振動数を高くしていくと，第1の共振状態として“**変角振動**（deformation vibration†；1650 cm^{-1}）”が現れる（**図1.6**(c)）．

揺らす振動数を高くすると，いったん共振状態を抜け出し振動が穏やかになる．さらに振動数を高くすると第2の共振状態である“**対称伸縮振動**

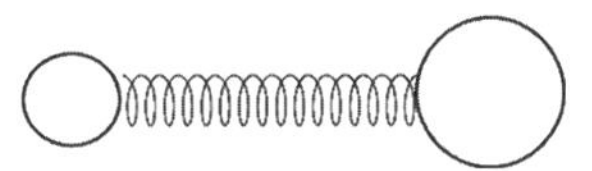

図1.5 ダンベル型2原子分子の模型

† bending vibration, scissoring vibration（はさみ振動）ともいう．

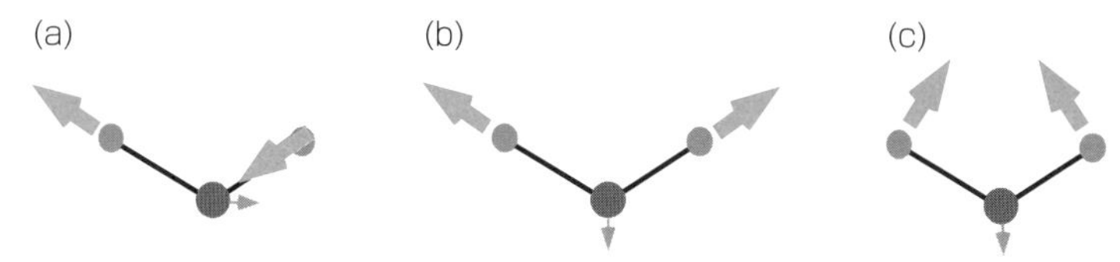

図 1.6　水分子の 3 つの基準振動．(a) 逆対称伸縮振動（$\nu_a OH_2$），(b) 対称伸縮振動（$\nu_s OH_2$），(c) 変角振動（δOH_2）．ただし，酸素の動きは誇張してあり，実際には水素との質量比を反映して動きは小さい．

(symmetric stretching vibration；3652 cm^{-1})” が現れる（図 1.6 b）．同様にして，さらに高い振動数で第 3 の共振状態である“**逆対称伸縮振動**（anti-symmetric stretching vibration；3756 cm^{-1})” が現れる（図 1.6 a）．このように，水分子は 3 種類の固有振動をもつ．これらは，結合軸や結合角を座標とする新しい座標系（**基準座標**）をもとに独立したモードと認められる．基準座標から見たこれらのモードを**基準振動**（normal mode）という．すなわち，一見複雑な分子振動は独立な基準振動に分解されて，スペクトルに個別のピークを与える．

分子が持つ基準振動の数は，原子位置を動かす自由度を考えると簡単に考察することができる．N 原子からなる分子の場合，

$3N-6$（分子が直線型ではない場合）
$3N-5$（分子が直線型の場合）

として計算できる．たとえば，水分子の場合は，非直線型で $N=3$ だから $3\times3-6=3$ となって，図 1.6 で示した 3 つの基準振動がすべてであることがわかる．また，本節の冒頭で述べた「おもり 2 個が 1 本のばねでつながった簡単な模型」の場合，直線型で $N=2$ だから $3\times2-5=1$ となり，確かに固有振動数は 1 つであることがわかる．CO_2 も同様にして $N=3$ を用いて計算すると，固有振動数は 4 つと求まるが，このうち 2 つの変角振動は縮重しているので，実際に測定して現れるピークの最大本数は 3 である．

ただし，このルールは“繰り返し構造”がない分子にのみ適用できる．たとえば，ポリエチレンのようにメチレン（CH_2）基が“繰り返しユニットとして

現れる”構造を持つ分子の場合，原子数をそのまま“3 N−6 則”に代入すると，長鎖になるほど基準振動の数がどんどん増えて，バンドの数も増えていきそうに思えるが，そうはならない．この場合は，基本ユニットのみでバンドの数の基本は決まり，あとは隣接ユニット間の位相差を考慮した連成振動子としての解析（1.6 節）を必要とする．

赤外分光測定では，照射する光の振動数を変えたとき（波数スキャン），共振状態で光が吸収される様子を記録する．これを図にしたのが赤外吸収スペクトル（**図 1.7**(a)）である．一方，可視光などの励起光（たとえば波長 532 nm）を試料に照射し，散乱光を集めて，励起光位置からのシフトを記録すると，ラマンスペクトルが得られる（図 1.7(b)）．スペクトルの測れる波数範囲が赤外とラマンとで違うのは，それぞれの装置の検出器や分光素子の違いを反映している．測定について，大まかに次のように比較する．

1）FT-IR（2.3 節）で測定される赤外スペクトルの波数範囲は検出器に依存し，TGS 型を使えば上限は近赤外域の 7500 cm^{-1} 程度まで測れ，下

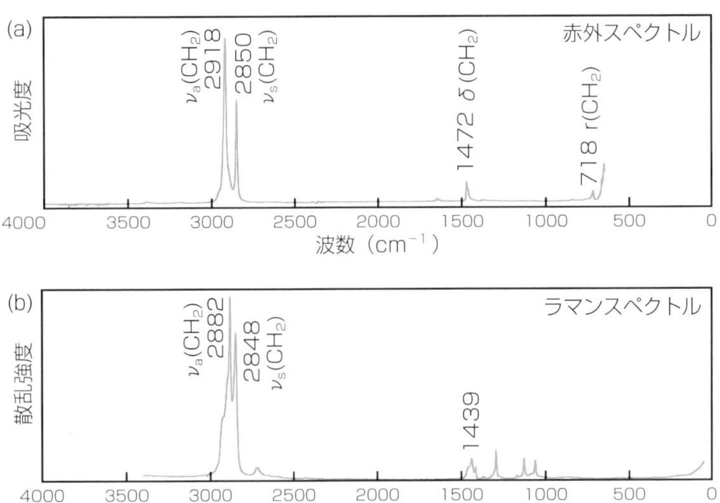

図 1.7 ポリエチレン（PE）の（a）MCT 検出器（650 cm^{-1} が測定限界）で測定した赤外スペクトル，および（b）刻線数 600 mm^{-1} の回折格子刻で測定したラマンスペクトル（ストークス側）．

限は400 cm^{-1}である．一方，より高感度なMCT型を使うと，上限が5000 cm^{-1}，下限は650 cm^{-1}程度と測定波数範囲がやや狭い（図1.7(a)）．FT-IRでは，中赤外領域である4000〜400 cm^{-1}が表示の初期設定になっている．なお，赤外スペクトルでは，図1.7(a)の例のように，横軸は左側に高い波数を書く習慣がある．

2）ラマンスペクトルの測定波数範囲は，回折格子の刻線数や，エッジ（またはノッチ）フィルターの性能に大きく依存する．エッジフィルターの性能次第では，10 cm^{-1}程度の低波数まで測れるのもラマンスペクトルの特徴といえる（図1.7(b)）．一方，回折格子の刻線数を増やすと，より高い波数分解の測定ができるが，測定できる範囲は狭くなる．回折格子の角度を調整できる分光器では，測定範囲の中心波数を自由に設定でき，測定波数範囲の異なるスペクトルをつなげば，広い波数範囲のラマンスペクトルが得られる．

横軸には波長の逆数を用いることが普通で，単位はcm^{-1}を用いる．この単位は，化学分野での国際的な習慣に従って“波数”または“ウェーブナンバー”と読む．英語では“cm inverse”とか“reciprocal cm”ともいう．

振動分光法でスペクトルを測定すると，複雑な分子振動を基準振動に分解したピークとして得ることができる．なお，液体や固体のような凝縮系では，分子間相互作用による状態の不均一化によりピークは幅を持ち，**バンド**と呼ぶ．たとえば，図1.7でいえば，“CH_2変角振動バンド”といった言い方をする．

各基準振動は，“振動エネルギー”（バンドのピーク位置）と“振動の形”という組み合わせで特徴づけられる．ちょうどこれは，分子のポテンシャルをハミルトニアンとして記述して得られるシュレディンガー方程式が，エネルギー“固有値”と“固有関数”の組を解として与えることに対応する．実際，量子化学計算によって，ピーク位置と基準振動の具体的な形の両方を半定量的に知ることができる．計算によって得られるピーク位置は，バンドの帰属に有用である．また，計算でわかる振動の形は，遷移モーメント（1.5節）の方向を決定するのに役立ち，とくに分子配向解析に有用である．

1.5 フェルミの黄金律と遷移積分

基準振動は，必ずしもそれらすべてが光を吸収・散乱してスペクトルにピークを与えるとは限らない．基準振動がスペクトルに現れるかどうかを判定できる規則のことを“選択律（selection rule）”という（2.1節および3.2節）.

選択律を明らかにするには，シュレディンガー方程式を摂動法で解いて得られる**フェルミの黄金律**を使うとよい．つまり，いちいちシュレディンガー方程式まで戻るのではなく，フェルミの黄金律から出発すれば，各分光法の選択律が無駄なく得られるので便利である．とくに，フェルミの黄金律に含まれる遷移積分や遷移モーメントといった概念は，分光学を理解するうえでもっとも基本的なものである．選択律の詳細はそれぞれの分光法で述べ，ここではフェルミの黄金律（式（1.3））のおおよその意味と使い方を述べる.

$$\frac{\mathrm{d}\,|\,a_k(t)\,|^2}{\mathrm{d}t} = \frac{2\pi}{\hbar}\,|\,\langle k\,|\,\hat{H}'\,|\,j\rangle\,|^2\,\delta(E_k - E_j - h\nu_{kj}) \tag{1.3}$$

なお，ディラックのブラケット表記は，積分による具体的な表記をわかりやすく略記したものである.

$$\langle k\,|\,\hat{H}'\,|\,j\rangle = \int_{\text{全空間}} \phi_k^* \hat{H}' \phi_j \,\mathrm{d}\tau$$

この $\langle k\,|\,\hat{H}'\,|\,j\rangle$ は**遷移積分**（transfer integral）という重要な因子である.

式（1.3）の左辺は単位時間当たりの遷移確率を意味し，吸収スペクトルでいえばピーク面積に相当する．右辺を構成する $|\langle k\,|\,\hat{H}'\,|\,j\rangle|^2$ と $\delta(E_k - E_j - h\nu_{kj})$ について，赤外分光法を念頭に，それぞれを以下に説明する.

$\phi_j(=|\,j\rangle)$ および $\phi_k(=|\,k\rangle)$ は各々エネルギー準位 E_j および E_k に対応する波動関数で（**図 1.8**），$\hat{H}'$ は光の電場振動が分子に与える摂動のハミルトニアンである．つまり，この積分自体が，赤外線照射による分子振動の“状態 j”

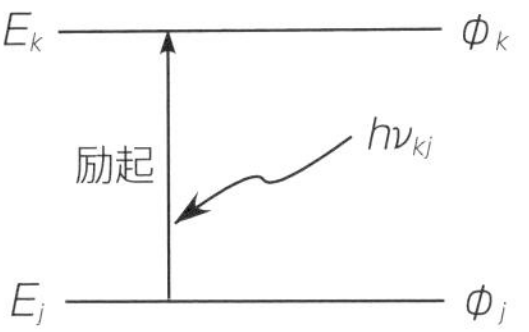

図 1.8　フェルミの黄金律の$\delta(E_k-E_j-h\nu_{kj})$の図的表現

から“状態k”への遷移を定量的に表す．ここでは“状態j”と“状態k”を，それぞれ振動基底状態と振動励起状態と考えてよい．

一方，このとき分子は遷移エネルギーにちょうど等しいエネルギーの赤外線の光子を吸収する．

$$h\nu_{kj}=E_k-E_j$$

“ちょうど等しい時”以外は吸収が起こらないことが，ディラックのデルタ関数δを用いた$\delta(E_k-E_j-h\nu_{kj})$で近似的に表現されている．すなわち，この項は直観的にわかりやすい図 1.8 の“エネルギー保存則”を示す．

基準振動が赤外線を吸収できるかどうかは，エネルギー保存則に加えて，遷移積分がゼロにならないような条件を探ればよい．赤外分光法では$\hat{H}'$が双極子近似で簡単に書け[1,2]，また振動の波動関数を遷移モーメントに代入して選択律が容易に得られる．さらに，分子配向解析の基本的な考え方である表面選択律（2.1 節）もこの式から得られる．また，分子骨格に対称性があるときは，遷移モーメントの非ゼロ条件は群論によっても容易に議論できる[1,2]．

フェルミの黄金律は，ラマン分光法の選択律を考えるうえでも基本となるものだが，ここでは双極子と分極率に着目した，もっとも簡単な結果だけを比較する[1,2]．

$$\text{赤外分光法：}\left(\frac{\mathrm{d}\mu}{\mathrm{d}Q}\right)\neq 0 \tag{1.4}$$

$$\text{ラマン分光法：}\left(\frac{\mathrm{d}\alpha}{\mathrm{d}Q}\right)\neq 0 \tag{1.5}$$

ここで，μおよびαは双極子モーメントおよび分子分極率で，本来，それぞれベクトルおよびテンソル量である．また，Q は基準座標での位置を表す．大まかにいうと，これらは分子振動（座標位置の変化）に伴って，それぞれ双極子モーメントおよび分子分極率に“変化がある”ことが，赤外およびラマン分光法に活性となる重要な条件である．なお，分子分極率は直観的にわかりにくい量だが，体積の次元を持つため，振動による分子の変形が“体積変化を伴う”ときラマン活性，と考えるとわかりやすい．

1.6 赤外およびラマン分光法の共通点と相違点

赤外分光法とラマン分光法の関係は，エネルギー遷移過程の違い（図 1.3）として大まかに理解できる．しかし，このエネルギーダイヤグラムだけでは，“同じ基準振動を異なる手法で測っている”という印象しか与えない．たしかに，赤外およびラマン分光法の両方に活性な同一の基準振動なら，どちらの方法で測っても同じ波数位置にピークが現れる．

しかし，選択律の違いにより，バンドの相対強度（スペクトルの形）は赤外とラマンとでは大きく異なる．たとえば，図 1.7 の PE のスペクトルを見ると，同じ化合物を測定しても，CH_2 逆対称および対称伸縮振動付近のスペクトルの形状が，赤外とラマンスペクトルでは大きく異なることがわかる．これは，双極子と分子分極率という異なる物理パラメータを介して見ていることが原因である．さらに，同じ“CH_2 対称伸縮振動（$\nu_s(CH_2)$）”という名前のモードであっても，そもそもピーク位置が互いに異なっていることに気づく．繰り返し構造を持つオリゴマーや高分子化合物では，同じ名前の基準振動でも，本質的に異なる基準振動を測っている場合があることに注意が必要である．

例として，PE の“$\nu_s(CH_2)$”モードを例に説明する（**図 1.9**）．$\nu_s(CH_2)$ モードは，名前だけ見ると 1 つの CH_2 基だけに着目した振動のように思えるが，

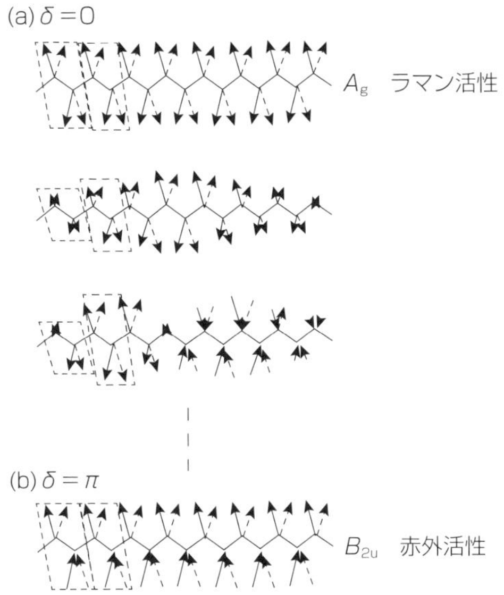

図 1.9 繰り返し構造のある分子での選択律の考え方．各矢印は，C–H の結合長の変化を表し，外向きが伸び，内向きが縮みを示す．

図1.9のようにアルキル鎖がまっすぐ伸びたall-trans zigzag型のコンフォメーションの場合，基準振動はアルキル鎖全体に渡る連成振動になっていることに注意が必要である．すなわち，構造が整ったアルキル鎖の場合，各 CH_2 基の伸縮振動は互いに影響を与え合い，全体でひとつの振動を形成している．

このとき，図 1.9 に縦に並べていくつか例示するように，隣り合う 2 つの CH_2 基で振動のタイミングが完全に一致する場合から，少しずつずれたタイミングで振動するといった，異なるパターンの連成振動が多数存在する．このタイミングのずれは，図 1.9 に示す隣り合う 2 つの鎖線平行四辺形を見比べるとよくわかる．2 つの平行四辺形の中身が同じになるのは，(a) および (b) のときだけで，それ以外はすべて一致しない．これら 2 つを "波数がゼロの連成振動" という．この平行四辺形のサイズに比べてはるかに波長の長い赤外や可視光は，事実上，波数ゼロの電磁波とみなせ，結果として (a) および (b) の 2 つのモードだけと結合する．つまり，赤外およびラマン分光法では (a) および (b) の 2 つのパターンだけが選択的に測定できることになり，それ以外は無視してよい．

一方，この測定可能な2つのパターンについて，鎖線平行四辺形の“内部”を見ると，含まれている2つのCH_2基の変化の方向が（a）では同位相（同時に伸びる）であり，（b）では逆位相（片方が伸びるとき他方は縮む）である．これをそれぞれ位相差δが0およびπと表現する（図1.9）．

（a）の場合（$\delta=0$），双極子モーメントの変化に対応する矢印が鎖線平行四辺形内で打ち消し合っており，これは赤外に不活性なモードであることを意味する．しかしこの変化は体積変化を与えるので，ラマン活性のモードであることがわかる．一方，（b）の場合（$\delta=\pi$），双極子モーメントは互いに強め合っており，赤外活性である．しかし，これは体積変化を起こさず，ラマンには不活性である．ここで，2つのCH_2基の配置は**対称中心**があるとみなすことができる．対称中心がある場合に限り，赤外とラマン分光法の間に相補的な選択律が成立し，これを**交互禁制律**という．

今述べた話で注意すべきは，アルキル鎖の各エチレンユニット（$-CH_2CH_2-$）が対称中心を持つのは，分子鎖がall-trans zigzagのコンフォメーションをもつときだけ，ということである．加熱による融解などでコンフォメーションが崩れると，対称性の仮定が根本から崩れるため，相互禁制律は成り立たなくなる．これを群論の言葉でいうと，“点群D_{2h}（対称操作iを含む）の対称性が崩れて，局所的な対称性C_{2v}（iを含まない）に移行する”ことに相当する．

この例のように，赤外・ラマン分光法では，本質的に異なる基準振動を“同じ名前”で議論することがあるので注意が必要である．この場合は，赤外スペクトルとラマンスペクトルとでは，同じ名前のモードでもそれぞれ別のモードを測定しているので，当然，異なる波数位置にピークが現れる．

表1.2に，PE結晶の代表的な基準振動について，赤外およびラマンバンドの対称種への帰属と，実際に観測される波数を示す．上で述べた$\nu_s(CH_2)$についていうと，同位相の振動がA_gに，逆位相の振動がB_{2u}に対応し，それぞれが赤外（2851 cm^{-1}）およびラマン（2848 cm^{-1}）活性で，波数位置は3 cm^{-1}ほど異なる位置に現れている．また，互いに交互禁制になっている．同様のことがCH_2逆対称伸縮振動（$\nu_a(CH_2)$）モードや，CH_2はさみ振動（$\delta(CH_2)$）モードについても見て取れる．ただし，赤外とラマンの波数差は，$\nu_s(CH_2)$よ

表 1.2　PE 結晶（D_{2h}）の基準振動の名前と赤外・ラマンバンドとの対応[7]

基準振動の名前	モードの対称種	赤外（cm⁻¹）	ラマン（cm⁻¹）
$\nu_a(CH_2)$	B_{1u}	2919	不活性
	B_{3g}	不活性	2883
$\nu_s(CH_2)$	A_g	不活性	2848
	B_{2u}	2851	不活性
$\delta(CH_2)$	A_g	不活性	1440
	B_{2u}	1468,1473	不活性

りもより顕著である．また，$\delta(CH_2)$ は結晶場分裂により赤外だけ 2 本に分かれている[8,9]．こうした細かい議論をより精密にするには，群論を利用した解析が適している．

以上の話を簡単にまとめる．結晶中など分子コンフォメーションが整っているとき，連成振動としての性質が明確に浮かび上がり，赤外とラマン分光法の違いが鮮明になる．一方，コンフォメーションが乱れると単独の CH_2 基の挙動に近くなり，これが高波数シフトの原因となる．

こうした性質のおかげで，分子コンフォメーションの変化は，赤外・ラマン分光法によって実験的に明確に議論することができる．具体的にいうと，赤外分光法の場合，コンフォメーションが乱れて all-trans から gauche に変わると，CH_2 対称および逆対称伸縮振動バンドの波数位置がともに高波数側にシフトする．一方，ラマン分光法ではこれら 2 つのバンドの強度比が大きく変わる．このため，I_{2880}/I_{2850} のラマンバンド強度比がコンフォメーション変化の定量的指標として使える．実際，これを使って試料の温度変化を追跡することもできる[10]．

群論を使った細かな議論は，本書では扱わないが，図 1.9 を使って述べた直観的な理解を，群論を使った解析に置き換えても同様の選択律が得られる点は面白いので，概要を簡単に説明する．群論による選択律の議論は，フェルミの黄金律（式（1.3））に現れる遷移積分がゼロになるかどうかを判定する[1]．このとき，指標の表が本来的に持つ“大直交定理”という性質を使い，振動励起後の波動関数を簡単な内積計算により，互いに独立な対称性パターン（既約表現）に分解する．これにより，直観ではわからない複雑な対称性まで正確かつ容易に扱えるだけでなく，量子化学計算の定量性にはかなわないものの，むしろスペクトル変化の本質を鮮明にできるのは群論のもっとも強力な点であり，勉強することを強く薦める．また，倍音や結合音に関しても同様に簡単に扱えるのは群論ならではの効用であり，近赤外分光法のバンドの正確な帰属に群論はあったほうが良い．

1.7 スペクトルの解析テクニック

スペクトルの解析の基本的な手法を，ここで大まかにまとめる．

1.7.1 差スペクトル法

スペクトルに微量成分が隠れている場合，差スペクトル法はもっとも基本的で有用な解析手法である．たとえば，水溶液中の溶質の濃度が低いとき，溶液のスペクトルから溶媒（水）だけで測ったスペクトルを引き算すると，溶質に関するスペクトルが取り出せる．これは，溶媒をバックグランドとして試料の吸光度スペクトルを測ることと本質的に同じである．ただ，差スペクトル法では，引くスペクトルに適当な係数をかけることで，欲しい情報を狙って取り出しやすいメリットがある．

赤外スペクトルの場合は，縦軸を必ず吸光度表示にしていることが前提である．ラマン分光法の場合は，差分を計算する２つのスペクトルの横軸が正確に一致するように，実験室の温度が一定になるような注意が必要である．

差スペクトル法は，変化の方向を議論するのにも便利である．**図 1.10** に，Nafion 112 が乾燥する過程を記録した時間分解スペクトルのうち２本を選び，

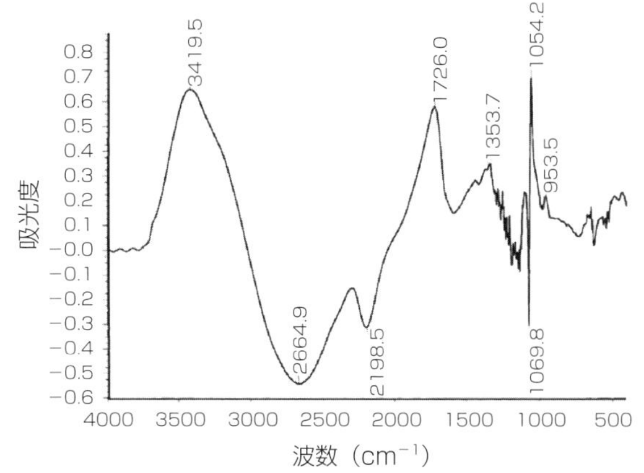

図 1.10　Nafion 112 の経時的脱水過程を記録した 2 つの赤外透過スペクトルの，変化の前から後を引いた全波数領域での差スペクトル[12)]

Chapter 1

これらの差を計算した結果を示す[12)]．差をとる前の 2 つのスペクトルは互いによく似ていても，変化の前から後の結果を引き算することで図 1.10 の差スペクトルが得られている．

差スペクトルには正および負の符号のバンドが現れるのが特徴である．この例では，変化の前から後を引いているので，正のピークが元々の主成分で，負のピークが後から生じた成分である．具体的には，ヒドロニウムイオン（水和した H_3O^+）が 3420 および 1726 cm^{-1} に正のピークとなって現れ，水が脱離した後のスルホン酸基（$-SO_3H$）が 2665 および 2199 cm^{-1} に正のピークを与えている．こうしたことから，間違いなく乾燥過程でヒドロニウムイオンが減少し，中性のスルホン酸基に転じていることが読み取れる．

1.7.2
二次微分法

実測スペクトルでは，ベースラインが傾いたり縦方向のシフトを示したりすることがある．赤外のような吸収分光法の場合は，試料とバックグラウンドの屈折率に差があることや，光軸のわずかな違いが原因であり，これらを完全に取り除くことは難しい．吸光度表示の場合，こうしたベースラインのゆがみは，スペクトルに一次関数が加算されたものとみなせるので，スペクトルを二次微分処理すると，ベースラインの傾きとシフトを一度に取り去ることができる．ラマン分光法でも，やはり二次微分法は有力なスペクトル処理法である(3.12節，図3.25(b))．

このとき，スペクトルの各バンドは，二次微分されると下向きの鋭いピークを与え，見かけの波数分解が向上する（**図1.11**）．実際，見た目には明確なピークが現れていない場合でも，二次微分するとバンドに含まれている複数の成分が現れることはよくある．あくまでも見かけの分解を向上させているだけなので，波数分解の良い測定にはかなわない．しかし，見かけとは違う真のピーク位置がわかるケースがしばしばあり，そのメリットは非常に大きい．また，二次微分したスペクトルのピーク強度は，元のピーク強度の比例関係を維持し（傾きは変わることがある），二次微分スペクトルはそのまま検量に用いられる．これはとくに，ベースラインの不安定性を取り除く効果と相まって，近赤外分光法で実用的によく用いられる．

なお，離散データであるスペクトルの二次微分処理には，一定波数間隔ごとに縦と横の差分を計算して傾きを計算する方法や，Savitzky–Golay法[1,2]と並んで，フーリエ変換による方法がある[11]．フーリエ変換法は，二次微分の本質を簡潔に見せてくれるので，ここではフーリエ変換法について説明する．この方法は，関数fを2階微分してからフーリエ変換（FT）したときの様子が，式

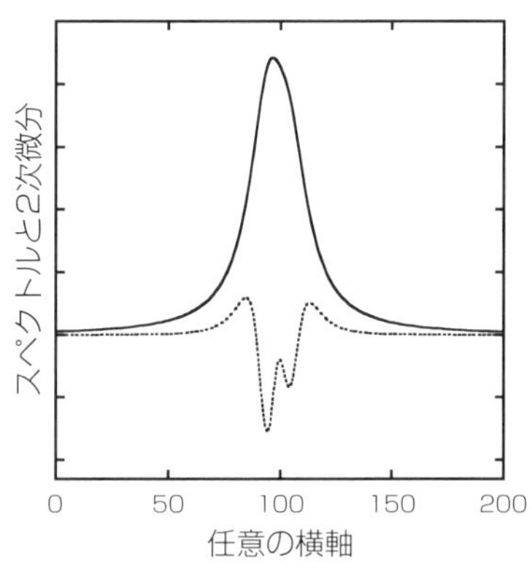

図1.11　2成分からなる見かけ上1本のピーク（実線）とその二次微分（点線）

(1.6) で与えられることを利用する.

$$f''(\omega) \xrightarrow{\text{FT}} -t^2F(t) \tag{1.6}$$

すなわち，スペクトル $f(\omega)$ をフーリエ変換して時間ドメイン $F(t)$ にしてから，at^2 (a は適当な係数) を乗じ，それを逆フーリエ変換することで二次微分スペクトル $f''(\omega)$ を得る．sinc 関数[1)]に似た形のセンターバースト (2.3 節) を持つ時間ドメインの関数に，原点でゼロになる at^2 を乗じるということは，原点近くで急峻な打ち切り (truncation) をすることと同じであるから，この過程で信号を大幅に削ってしまい，相対的にノイズが増える[11)].

つまり，二次微分法は，元のスペクトルにわずかでもノイズがあると，それが誇張されて定量的に扱えない結果を与える．二次微分法を使う場合は，ノイズの少ないスペクトルを取るよう努力するか，PCA (次の C) 項) などの手法でノイズを減らすことが必要である.

1.7.3 ケモメトリックス法

スペクトルを用いた定量の基本は，Lambert–Beer 則による検量線法である．検量線法は，図的にわかりやすい反面，スペクトルのうちたった 1 か所の波数位置でのピーク強度だけを用い，スペクトルの情報の大半を捨てている．また，化学種も 1 成分であることが前提であり，分析化学的な目的にとって検量線法は，やれることに限界がある．これを根本的に打開する定量解析法がケモメトリックス (chemometrics) 法である．委細は文献に譲り[1,2)]，ここでは大まかな概念を述べる.

多変量解析であるケモメトリックスでは，スペクトルの元データである吸光度 a_j の羅列：

$$\boldsymbol{k}_1 \equiv (a_1\ a_2\ a_3 \cdots a_{N-1}\ a_N)$$

をひとつのベクトル $\boldsymbol{k}_1$ とみなす．これは N 次元空間での 1 個の点と見ることもできる．スペクトルの形が変われば，原点からの方向が変わるし，スペクトルの強度が変われば原点からの距離が変わる．つまり，M 個のスペクトルを,多次元空間内での“M個の点”としてとらえる．

いま，2成分系の混合物を考えると，形の異なる2つのスペクトルからなる混合物のスペクトル $\boldsymbol{m}$ は，Lambert–Beer 則の重ね合わせにより，

$$\boldsymbol{m} = c_1\boldsymbol{k}_1 + c_2\boldsymbol{k}_2$$

と書ける．これは，2つのベクトル $\boldsymbol{k}_1$ と $\boldsymbol{k}_2$ の線形結合であるから，多次元空間内には $\boldsymbol{k}_1$ と $\boldsymbol{k}_2$ が張る平面（2次元空間）ができ，この平面に点 $\boldsymbol{m}$ は収まる．また，濃度を変えたときの混合物スペクトルの点 $\boldsymbol{m}_j$

$$\begin{aligned} \boldsymbol{m}_1 &= c_{11}\boldsymbol{k}_1 + c_{12}\boldsymbol{k}_2 \\ \boldsymbol{m}_2 &= c_{21}\boldsymbol{k}_1 + c_{22}\boldsymbol{k}_2 \\ &\vdots \\ \boldsymbol{m}_M &= c_{M1}\boldsymbol{k}_1 + c_{M2}\boldsymbol{k}_2 \end{aligned}$$

も，同じ平面内にすべて収まる．これらの式は，行列を使うと次式でまとめられる．

$$\begin{pmatrix} \boldsymbol{m}_1 \\ \boldsymbol{m}_2 \\ \vdots \\ \boldsymbol{m}_M \end{pmatrix} = \begin{pmatrix} c_{11} & c_{12} \\ c_{21} & c_{22} \\ \vdots & \vdots \\ c_{M1} & c_{M2} \end{pmatrix} \begin{pmatrix} \boldsymbol{k}_1 \\ \boldsymbol{k}_2 \end{pmatrix} \Leftrightarrow \boldsymbol{A} = \boldsymbol{CK}$$

行列を使うメリットは，成分数を任意の成分数に拡張しても同じ式で書けることで，Lambert–Beer 則の多成分・多波長版とみなすことができる．実測のノイズ $\boldsymbol{R}$ も引き受けられるようにした $\boldsymbol{A}=\boldsymbol{CK}+\boldsymbol{R}$ は，Classical Least–Squares（CLS）回帰式という．ここで，実測スペクトルの束をまとめた行列 $\boldsymbol{A}$ を，濃度 $\boldsymbol{C}$ および純成分スペクトル $\boldsymbol{K}$ で“モデル化”するという．

CLS は極めて高い定量的解析精度とスペクトル分解ができる点が魅力である（2.7.5 項の MAIRS を参照）．一方，あらかじめ成分数がわかっていないと行列のサイズが決められず，また定量的精度が大幅に低下することが，実用面での CLS の最大の問題である．いわば，成分数に縛られた方法が CLS 回帰法である．

化学成分の数に制約を受けずに，スペクトル行列の“展開”を可能にするア

イディアが，主成分分析（PCA）法である．すなわち，PCA法とはスペクトル行列 $\boldsymbol{A}$ を直交ベクトル $\boldsymbol{p}_j$ で展開する手法である．

$$\boldsymbol{A} = \boldsymbol{t}_1\boldsymbol{p}_1 + \boldsymbol{t}_2\boldsymbol{p}_2 + \cdots + \boldsymbol{t}_c\boldsymbol{p}_c = \sum_{j=1}^{c} \boldsymbol{t}_j\boldsymbol{p}_j \equiv \boldsymbol{TP} \tag{1.7}$$

ただし，$\boldsymbol{p}_i \cdot \boldsymbol{p}_j = \boldsymbol{p}_i\boldsymbol{p}_j^{\mathrm{T}} = \delta_{ij}$ であり，$\boldsymbol{p}_j$ に化学的な意味は持たせない．この直交ベクトルは，多次元空間内の“M 個の点”の“拡がり”を効率的に位置づけ可能な“軸”となるように決める．この新しい軸 $\boldsymbol{p}_j$ をローディング（loading）といい，この軸から見た各点の位置（射影位置）$\boldsymbol{t}_1$ をスコア（score）という．各ローディングのスコアはまとめて $\boldsymbol{T}=\boldsymbol{AP}^{\mathrm{T}}$ で計算できる．ローディングの算出には，“M 個の点”の広がり（分散）を最大にとらえる軸となるよう，最適な傾きが計算できれば良い．この計算は，行列 $\boldsymbol{A}$ の固有値に相当し[1,2]，具体的には分散・共分散行列 $\boldsymbol{A}^{\mathrm{T}}\boldsymbol{A}$ を用いた次式により計算できる．

$$(\boldsymbol{A}^{\mathrm{T}}\boldsymbol{A})\boldsymbol{P} = \Lambda\boldsymbol{P}$$

ただし，Λ は固有値 λ_j を対角項に持つ対角行列である．この計算は，特異値分解（Singular-Value Decomposition；SVD）というアルゴリズムで計算するのが主流で，多くの計算ソフトに搭載されており，非常に容易に，かつ高速に計算できる．

この新しい軸（ローディング）は，スペクトルの変動をもっとも効率的にとらえており，たとえば3成分系の場合は，第4項以降はノイズしか含まない．

$$\boldsymbol{A} = \boldsymbol{t}_1\boldsymbol{p}_1 + \boldsymbol{t}_2\boldsymbol{p}_2 + \boldsymbol{t}_3\boldsymbol{p}_3 + \boldsymbol{t}_4\boldsymbol{p}_4 + \boldsymbol{t}_5\boldsymbol{p}_5 + \cdots$$

スペクトル変動をとらえた前半の項を基本因子（basis factor）といい，後半をノイズ因子（noise factor）という．つまり，一度PCAで展開し，ノイズ因子を捨てて基本因子だけでスペクトルを再構築すると，スペクトル情報を損なわないノイズ除去ができる．この考え方はあらゆるスペクトル解析で利用できる．

また，スペクトルの“形”と“大きさ”を，各点の“方向”と原点からの“距離”が表しているので，ローディングから見た“位置”（スコア）により，似た形のスペクトルでも区別がしやすくなる．とくに2つのローディングを選んで，平面内で点の位置の識別問題に変えると視覚的にわかりやすい．これを**スコア-スコアプロット**（score-score plot）という．バイオ試料のように，スペクトルが似通っていて区別が難しく，差スペクトル法でも違いがあぶりだせない場合，PCA のスコアースコアプロットは強力なスペクトル解析手段として使える．

引用文献

1）T. Hasegawa,: *Quantitative Infrared Spectroscopy for Understanding of a Condensed Matter*, Springer, Tokyo（2017）.

2）古川行夫編著：「赤外分光法」，講談社（2018）.

3）尾崎幸洋編著：「近赤外分光法」，講談社（2015）.

4）濵口宏夫，岩田耕一編著：「ラマン分光法」，講談社（2015）.

5）奥山格，梶本興亜：「現代科学」，**553**，58–59，（2017）.

6）H. Okajima, H. Hamaguchi: *J. Raman Spectrosc.*, **46**, 1140–1144（2015）.

7）T. Shimanouchi: *Tables of Molecular Vibrational Frequencies Consolidated Volume I*, NSRDS-NBS 39（1972）.

8）S. Krimm, C. Y. Liang, G. B. B. M. Sutherland: *J. Chem. Phys.*, **25**, 549–562（1956）.

9）M. Tasumi, T. Shimanouchi: *J. Chem. Phys.*, **43**, 1245–1258（1965）.

10）R. Mendelsohn, S. Sunder, H. J. Bernstein: *Biochim. Biophys. Acta*, **443**, 613–617（1976）.

11）P. R. Griffiths, J. A. de Haseth: *Fourier Transform Infrared Spectrometry 2nd ed.*, Wiley, Hoboken, N. J.（2007）.

12）R. Iwamoto, K. Oguro, M. Sato, Y. Iseki: *J. Phys. Chem. B*, **106**, 6973–6979（2002）.

Chapter 2 赤外分光法

主な赤外分光法の利点は次の通り．

A）グループ振動がわかり，官能基の同定が可能（主として炭化水素系）
B）水素結合の評価と，高分子化合物の高次構造解析
C）分子パッキングや結晶多形の評価
D）アルキル鎖のコンフォメーション
E）結晶化の程度によらない分子配向の定量的解析（主として薄膜）
F）誘電率の定量的解析
G）表面モルフォロジー解析
H）多変量解析による多成分同時定量

測定感度は共鳴ラマンに匹敵する．また，薄膜試料の結晶性によらず，分子配向角を官能基ごとに定量的に決められるのは，赤外分光法の遷移モーメントの方向が容易に決められるからである．このように，赤外分光法はユーザーにとって使いやすく，定量的再現性も高く，得られる分子情報も豊かな分析法である．

一方，ラマン分光法の励起光の波長に比べて，赤外線の波長は1桁程度長いため，顕微分光での空間分解能はラマン分光法に比べて劣る．また，水による吸収が強すぎ，赤外分光法による水溶液の解析は難しい場合が多い．

2.1 赤外分光法の選択律

分光法の“選択律（selection rule）”[1,2]は，光と相互作用できるモード（赤外・ラマンでいえば基準振動）を識別するためのルールで，その分光法を使いこなすうえで，真っ先に知るべきものである．1.5 節で示したように，選択律はフェルミの黄金律を出発点として明らかにできる．赤外分光法の選択律のフェルミの黄金律からの導出は多くの本に書かれているので[2]，ここではその結論だけを示す．

$$\left(\frac{\mathrm{d}\mu}{\mathrm{d}Q}\right) \neq 0 \tag{2.1}$$

$$\Delta v = \pm 1 \tag{2.2}$$

ここにあげた 2 つの式は，化学結合を表すバネがフックの法則に厳密に従う“調和振動子近似”が成り立つ仮定の下で，フェルミの黄金律にシュレディンガー方程式の解を入れて解いた結果である．

式（2.1）は式（1.4）で説明したので，ここでは重複説明を避ける．

式（2.2）は，振動の量子数が 1 だけ変化することが許されることをいう．$\Delta v = +1$ の場合でいうと，$v=0$ から $v=1$ への上昇や，$v=1$ から $v=2$ への上昇のようなケースがすべて許される（**許容遷移**）．ただし，基底状態（$v=0$）以外の状態は，$v=0$ に比べて占有数が大幅に少ないので，実際にはほとんど $v=0$ から $v=1$ への上昇だけが測定に影響する．

$\Delta v = -1$ の場合，励起された振動が緩和して 1 つ下の順位に戻ることを意味する．たとえば，$v=1$ から $v=0$ への緩和を考えてみよう．もし，この緩和で発光される赤外光が，そのまますべて検出器に向かうと，せっかく吸収した情報が打ち消されてしまう．幸い，この緩和は双極子からの放出で，典型的な自然放出過程であるため，発光した光は大きな立体角をもって飛んでいき，検出器に向かう光子は極めて少ない．したがって，この $\Delta v=-1$ の過程は吸収測定では無視できる．これをまとめて描いたのが図1.3(a) である．結果的に，調和振動子近似の下では，$v=0$ から $v=1$ への上昇だけが測れるので，非常に議論が楽である．

なお，これ以外にももう1つ選択律がある．すなわち，フェルミの黄金律（式 (1.3)）中に現れる遷移積分 $\langle k \mid \hat{H}' \mid j \rangle$ をゼロにしない波動関数の対称性が求められる．赤外分光法では，摂動のハミルトニアンを $\hat{H}'=p\cdot E$ と書ける[1]．また，双極子のサイズに比べて，電場の波長が非常に大きく，遷移積分にとって電場を定数とみなせる．この近似を使うと，遷移積分は次のように変形できる（ただし，1次元表示）．

$$\langle k \mid \hat{H}' \mid j \rangle \approx q\langle k \mid x \mid j \rangle \cdot E \tag{2.3}$$

ここで出てくる $\langle k \mid x \mid j \rangle$ を**遷移モーメント**（transition moment）という．具体的には，j から k への遷移は，基底状態 $v=0$ から $v=1$ への遷移についてだけ考えればよい（1.3節）．基底状態の波動関数は全対称なので，あとは励起状態と x（y，z でもよい）の波動関数の直積が全対称になっていればよい．これを簡単に扱えるのが群論の指標の表である．

なお，こうした波動関数の対称性に着目した選択律の考え方は，結合音や倍音を扱う近赤外分光法の理解にも使える．

2.2 赤外スペクトルが威力を発揮する分析対象

赤外スペクトルには基準振動に相当する振動モードがバンド（吸収ピーク）となって現れる．基準振動の一部は，特定の官能基に局在して見えるため，グループ振動としての特色を示す．有名な例でいうと，C=O 結合の伸縮振動（ν(C=O)）は，この官能基だけが振動しているように見えるほど局在化している．このため，1700 cm^{-1}付近に現れるこのバンドは，C=O 結合のマーカーとして非常に便利である．

赤外分光法では，こうした小さな官能基への振動の局在化が，これ以外にも N–H や C–O の伸縮振動などにもみられ，かつては化合物の一次構造決定法としてよく利用された．しかし，最近では一次構造の決定には，NMR や質量分析法がより効率的で，赤外分光法が最大の威力を発揮するのは，物質の同定よりも分子集合系での“集合構造”を解析する場合である．つまり，赤外分光法は一次構造がある程度わかっている化合物について，その集合構造を細かく知るのにうってつけなのである．

分子集合系とは，結晶や薄膜デバイス，さらに生体膜などでよくみられる，分子が自己集合して膜構造を形成するような凝縮系を指す．薄膜を例に，分子集合構造解析に求められる重要な分析因子は，およそ次のようなものである．

1）官能基ごとの分子配向

2）分子内および分子間水素結合の程度

3）分子パッキング

4）分子コンフォメーション

5）結晶多形

6）非破壊

7）薄膜測定に十分な測定感度

2 章の冒頭で示したように，赤外分光法はこのすべてを満たしており，他の分析法と比較しても際立って薄膜構造解析に適した威力を持っている．ここでいう“薄膜”とは分子が自己集合したもののうち，厚さが波長より十分に小さいものを指す．有機半導体やタンパク質のキャスト膜，スピンコート膜，自己組織化膜，Langmuir–Blodgett（LB）膜など広範囲な膜が含まれる．

測定感度という点からも，赤外分光法があらゆる分光法の中でも群を抜いていることは知っておくべきである．実際，単分子膜レベルの薄膜のスペクトルを，ラボの標準的なレベルの装置で簡単に測ることができる．これをラマン分光法と比較すると，共鳴ラマン（3.9 節）に匹敵する感度をもち，NMR と比較しても3桁程度高い感度を持つ．また，薄膜に特化したXRDである微小角入射X線散乱（GIXD）と比較すると，結晶子サイズが小さくGIXDでは弱くブロードなピークしか得られないものでも，赤外分光法は容易に測定できる．結晶多形は，官能基間の距離のわずかな違いをピーク位置（波数）の変化や，複数のピークがなす形から読み取れる．もちろん，詳細な結晶構造はXRDを必要とするが，いったん赤外分光法との対応関係がつかめれば，赤外スペクトルだけで多形が細かく議論できる点はもっと活用されてよい．

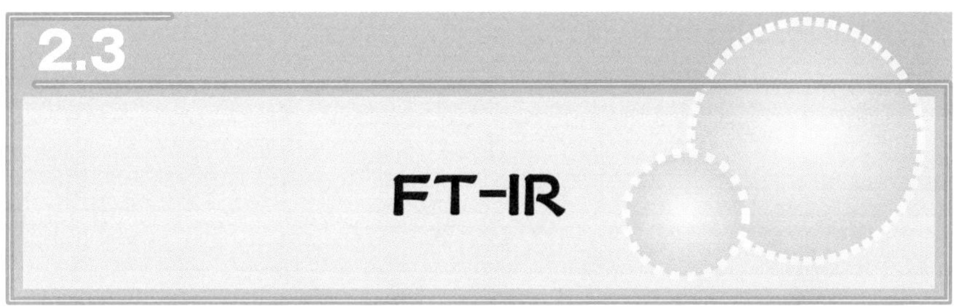

2.3 FT-IR

ここでは，赤外分光法の測定原理を説明する．赤外分光法は“吸収分光法”の一種である．吸収分光法を一般化した概念図を**図2.1**に示す．

光源から出る光は，異なる波数の電磁波が重なっていて，これを広帯域（ブロードバンド）光という．1.2節で述べたように，分子による光吸収を扱う場合，その光は電場の振動で代表させることができ，これを電場“強度”の時間変化として$I(t)$と書くことにしよう（図2.1）．これを波動の“時間ドメイン”表示という．この広帯域光をレンズや凹面鏡などを利用した光学系を通して平

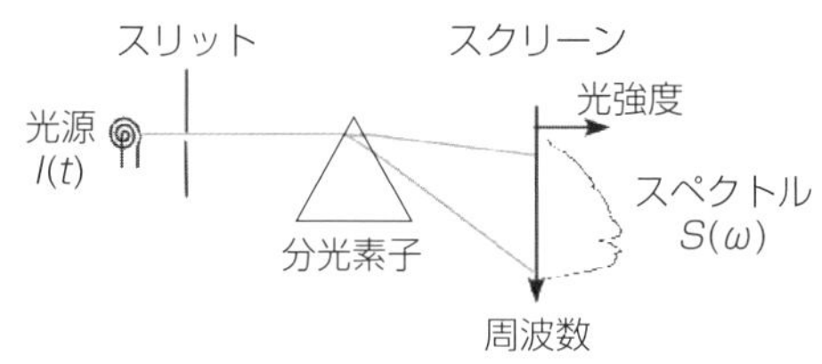

図2.1 吸収分光法の一般化した概念図．試料を置く場合は分光素子より下流に置く．

行光に変えたのち（図では省略），“スリット”を通して幅が狭く，広がらない線状の光線にする．これをプリズムや回折格子といった光学素子を通すと，光線は波長によって進行方向を変え“分光”される．これをスクリーンに映すと，可視光なら虹色の帯が映し出される．この虹のパターンこそ，元の広帯域光が波長を横軸として分離された強度分布である．この光強度を波長ごとに測って図示するには，検出器を用いて波長をスキャンする機械的な機構が必要である．こうして虹を具体的な測定結果としてグラフにしたものを**スペクトル**と呼ぶ．古典的な表示の仕方は，可視紫外分光法で見られるように“波長 λ”と“光強度 S”の 2 軸を用いる．

赤外分光法では波長の逆数にあたる波数（$\tilde{\nu}=1/\lambda$）を用いることで，横軸に“光子エネルギー軸”としての意味を持たせる．図 2.1 では，光子エネルギーをより一般性のある $\hbar\omega$ で表現できるように角周波数 ω を用いて $S(\omega)$ としているが，$S(\tilde{\nu})$ と置き換えて考えてよい（$\omega=2\pi c\tilde{\nu}$）．要するに，横軸の値が p 倍になれば，振動数が p 倍となって光子エネルギーも p 倍になる．このスペクトル $S(\omega)$ を波動の“周波数ドメイン”表示という．

赤外光のような可視光以外の目に見えない光のスペクトルを得るには，赤外光の検出に適した特性の検出器を使えばよい．図 2.1 のように，分光素子を使って光線を波長ごとに分散させてスペクトルを測る測定原理を**分散型**（dispersion type）という．

入射スリットを，少しずらした位置にもう 1 つ増やす思考実験をしてみよう．このとき，2 つのスリット由来の位置のずれた 2 つのスペクトルが重なり，せっかく分離した情報がまた混ざってぼやけてしまう．この思考実験からもわかる通り，スリットの幅を広くすることはスリットをたくさん並べることに相当し，波長分解と波長精度の両方が低下したスペクトルになってしまう．検出器直前に入れるスリットも同様である．つまり，理想的な高分解・高精度を達成しようとすると，非常に狭いスリットを通さざるを得ず，これはフラウンホーファー回折を強めてスペクトルをゆがめるだけでなく，なによりも暗い（スループットが低い）測定になる．すなわち，波長分解の高さとスループットの高さはトレード・オフの関係にあり，これは分散型の測定原理を使う以上，避けられない．

図 2.1 の測定の概略は，電磁波という時間ドメインの波動 $I(t)$ を，周波数ドメインの表示のスペクトル $S(\omega)$ に変換する過程と見ることができる．この変換は，式（2.4）および（2.5）の一対の式で表すことのできる“フーリエ変換”に対応している．

$$S(\omega) = \int_{-\infty}^{\infty} I(t) \mathrm{e}^{-\mathrm{i}\omega t} \mathrm{d}t \tag{2.4}$$

$$I(t) = \frac{1}{2\pi} \int_{-\infty}^{\infty} S(\omega) \mathrm{e}^{\mathrm{i}\omega t} \mathrm{d}\omega \tag{2.5}$$

すなわち，プリズムや回折格子といった分光素子が光を波長分散させて，スクリーンにスペクトルを映し出す機能は，式（2.4）の演算で定量的に再現できる．

つまり，狭いスリットを通して波長分散させた光を測定する代わりに，$I(t)$ を何らかの方法で測っておき，それをフーリエ変換すれば，目的とするスペクトル $S(\omega)$ が得られる．$I(t)$ はエネルギー分散させていないので明るい測定ができる．この測定原理を**フーリエ変換**（Fourier transform；FT）**型**という．

問題は，$I(t)$ の直接測定が困難であることである．というのも，$c=\nu\lambda$（c：光速，ν：周波数）を使って赤外線の波長（およそ $\lambda=10$ μm）を換算すると，赤外線の周波数は約 $\nu=3\times10^{13}$ Hz であることがわかる．これを時間ドメインで直接測るには，この逆数にあたる約 3×10^{-14} s（つまり 30 fs）の時間分解能をもつ分光装置が必要であり，これを可能にするフェムト秒レーザーや実験技術を必要とする．すなわち，非常に高価で大掛かりな測定になってしまって現実的ではない．

この問題は，マイケルソン干渉計という瓢箪から駒のようなアイディアで解決できる．**図 2.2** にマイケルソン干渉計の模式図を示す．平行化された赤外光を“入力”として干渉計に入れると，ビームスプリッター（半透鏡）で半分が反射して移動鏡に向かい，残りの半分が透過して固定鏡に向かう．移動鏡は速度 v_{m} で等速運動する鏡である．移動鏡と固定鏡で反射した光は BS で再び重なって出力される．

この出力光の強度は

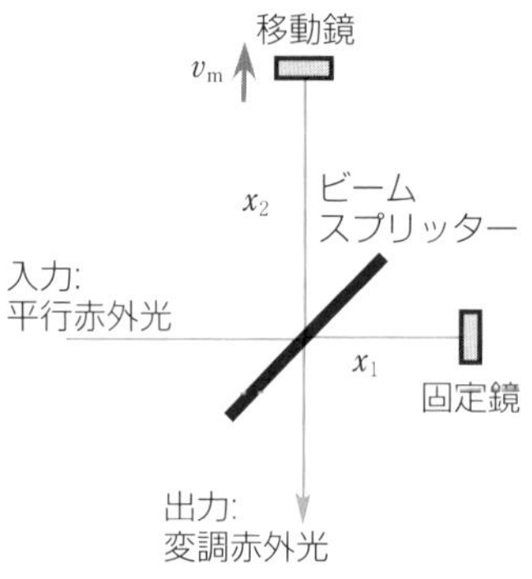

図 2.2 マイケルソン干渉計

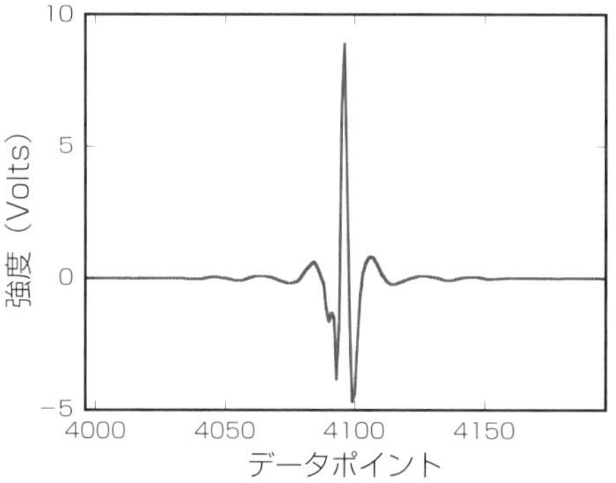

図 2.3 広帯域赤外光を干渉計に通して得られる干渉図形，すなわち変調赤外光のフーリエ変換図形．横軸は移動鏡の位置に相当．中央のひときわ高いピークはセンターバーストと呼ばれる．

$$|E|^2 = 2A^2(1+\cos 4\pi\tilde{\nu}v_m t) \tag{2.6}$$

に比例する[1)]．すなわち，出力光は周波数 $f=2\tilde{\nu}v_m$ で波打っており，赤外光を入力とした場合は $f=1$ kHz 程度となる．すなわち，もとの赤外光の周波数 $\nu=c\tilde{\nu}$（3×10^{13} Hz 程度）に比べて大幅に低い振動数で波打っていることがわかる．この出力光は**変調赤外光**と呼ばれ，その周波数 f は**変調周波数**（modulation frequency）という．FT-IR ではこうした低い変調周波数だからこそ使える検出器によって測定される．

なお，式（2.6）で得られる信号は，実際には $x \equiv 2v_{\mathrm{m}}t$ と移動鏡の位置の関数として測定され，高速測定を回避している．また，この式は1つの波数についての式だが，これを広帯域光について実施すると波数で積分したものとして，位置ドメインの $I(x)$ が得られる（**図2.3**）．これをフーリエ変換（式（2.7））すれば，欲しいスペクトル $S(\tilde{\nu})$ が得られる．

$$S(\tilde{\nu}) = \frac{1}{\pi}\int_0^{\infty} I(x)\cos 2\pi\tilde{\nu}x\,\mathrm{d}x \tag{2.7}$$

2.4 FT-IR の扱い方（ラピッドスキャンを含む）

2.3節で説明したFT-IRの仕組みを大まかに示すと**図2.4**のように描ける．赤外光源直後の光学絞りは，**波数分解**（**resolution**）の調整に必要である．波数分解とは，隣り合う2つのピークの山を“2つ”と認識できる最低限の波数間隔のことで，凝縮系の試料には伝統的に4 cm^{-1} がよく用いられる．すなわち，2つのピークが4 cm^{-1} 離れていれば，2つの山として認識でき，それより接近していれば，1つの太いピークに見えてしまう．

凝縮系とはいえ，本来はもっと高い波数分解での測定が望ましい．たとえば1 cm^{-1} に設定することで，これまで見逃してきた重要なバンドが見つかる可能性が十分にある．しかし，波数分解を小さくするにはアパーチャーを絞る必要があるため，フーリエ変換分光でも暗い測定になり，SN比が急速に悪化する．この場合は測定時間を延ばすことである程度克服できるが，明るい測定にはかなわない．また，小さく絞ったアパーチャーによりフラウンホーファー回折が顕在化して，スペクトルにフリンジが載りやすくなるリスクもある．これらトレード・オフの関係にある因子のバランスを考慮して実測結果を検討し，

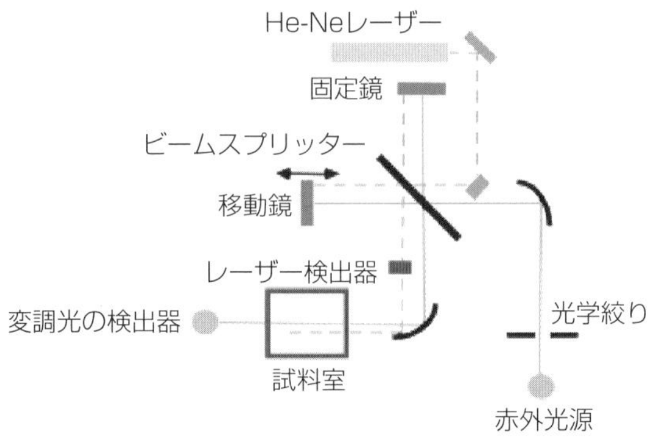

図 2.4 FT–IR の構成

波数分解を目的に合わせて決めるとよい．

なお，波数分解と波数**精度**（**accuracy**）はまったく別物で注意が必要である．FT–IR の波数精度は非常に高く，波数分解が 4 cm^{-1} であっても，ピークの重心位置自体は高い精度で測定できる．波数分解が 4 cm^{-1} の場合，スペクトルはその半分の 2 cm^{-1} おきの点を結んだ折れ線グラフとして描かれる．このため“見かけの”波数位置に振り回されぬよう注意する．実際，ピークの重心位置を探れば 0.1 cm^{-1} 程度まで十分に高い精度でピーク位置を読み取ることができる．ピークの重心位置は，スペクトルを拡大して目視で読むこともできるが，正確に読むためのソフトウエアが内蔵されていればそれを用いるとよい．

一方，ビームスプリッターには赤外光とは別に He–Ne レーザーが入力されている（図 2.4）．このレーザーは，今述べた FT–IR の高い精度を確保するのに不可欠のものである．単一振動数とみなせるレーザーをビームスプリッターに通すと，フーリエ変換に相当する単一振動数のコサイン波が出力される．つまり，移動鏡の位置を決める横軸を，このコサイン波で得られる一定間隔の波打ちを“目盛り”として利用することで，横軸の精度が常に保証される．ちなみに，横軸の原点は，広帯域光の出力で得られる尖塔（センターバースト）の位置（図 2.3）により，これも常に正確に得られる．

このように，FT–IR では横軸の精度は室温などに左右されず，常に高い精度で維持されており，校正を行う必要はない．また，He-Ne レーザーが切れると，分光器全体が停止する仕組みになっている．

このレーザー光は，干渉計の直後にあるレーザー光検出器（図 2.4）で検出され，横軸の校正に使われるが，光の一部が漏れて試料室に届いて赤い点が見える．すでに校正に使われたあとの漏れ光なので気にする必要はなく，むしろ目に見えない赤外光の代わりに，おおよその光の位置を知る目安として便利に使うとよい．ただし，漏れレーザー光の位置は，図 2.4 からも想像できるように，変調赤外光の中心位置からは外れている．あくまでも大まかな目安として赤い漏れレーザー光を使うとよい．

なお，FT-IR の試料室内で変調赤外光は平行光ではなく，集光されている．機種によるが，集光位置が試料室中央である場合が多い（センターフォーカス）．また機種によらず，変調赤外光の光径は 1 cm 程度ある．試料サイズがこれより小さい場合は，試料を通らない光が迷光となるため，注意が必要である．

また，繰り返し述べているように，試料室に届く光は変調赤外光である．変調のかかっていない赤外光は，検出器での検出の対象にならない．たとえば，ろうそくの炎がもつ発光エネルギーの分布を測ろうとして，試料室に火のついたろうそくを入れても発光は測定できず，あくまでも炎を通過した変調赤外光の変化しか測れない．もし，発光を測りたい場合は，光源の代わりにろうそくの炎を置けばよく，実際，そのような実験ができる工夫が分光器にされている．

検出器

FT-IR の検出器は，次の代表的な 2 種類について知っておけばよい．

(1) TGS 型

TGS（triglycine sulfate）からなる結晶に変調赤外光が当たると，TGS 分子が配向変化を起こし結晶表面の電荷が変化する．これを焦電効果（pyroelectric effect）といい，このときの電荷の変化を読み取る検出器である．重水素化を施した DTGS 型もよく用いられる．TGS 型は室温で動作する．分子配向の時間スケールがミリ秒であるため，その逆数にあたる 1 kHz

程度の変調赤外光が測定に使われる．こうした動作原理により，TGS 型の検出器の感度は，変調周波数 f に依存する．

$$f = 2\tilde{\nu} v_{\mathrm{m}}$$

ここでの v_{m} は干渉計にある移動鏡の掃引速度で，選べるようになっている．分光器には**ミラー速度**（**mirror velocity**）または変調周波数のどちらかで表示されている．なお，$\tilde{\nu}$ には便宜上，He–Ne レーザーの波数 15802.4 cm^{-1} を固定値として使う習慣がある．たとえば，ミラー速度が 0.15820 cm sec^{-1} であれば，変調周波数は 5 kHz である．TGS 検出器を使ったスペクトルで論文を書く際は，ミラー速度か変調周波数のどちらかを記載する必要がある．

TGS 検出器は，測定できる波数範囲が広く，近赤外領域の 7500 cm^{-1} 付近まで測れるため，中赤外との同時測定ができるメリットがある．

(2) MCT 型

一方，MCT（mercury–cadmium–telluride）という合金半導体を用いても赤外光が検出できる．動作原理が半導体なので，赤外光により価電子帯から伝導体に電子が励起されて生じる電流を検出する．このとき，赤外光と環境温度が競合してしまい，室温は大きなノイズ源となる．このため，MCT 型を用いるときは液体窒素で冷却して用いる．冷却して完全に検出器が安定するまでおよそ 2 時間かかる．高精度な実験を必要としなければ 1 時間程度の冷却で使うこともあるが，後述する MAIRS（2.7.5 項）の実験には必ず 2 時間の冷却時間を確保する．

MCT 型は，液体窒素を使うため扱いが多少面倒だが，その分，TGS 型より約 1 桁高い検出感度（D^*；specific detectivity）[3-5]が得られる．たとえば，偏光 ATR 法を利用する場合，偏光板や ATR 結晶で光のロスが多く，TGS 型では積算しても十分な SN 比のスペクトルが得られないことがある．MCT 型を使うと，こうした低スループット測定が容易に行え，高い SN 比のスペクトルを得やすい．とくに，薄膜を測定する外部反射法や MAIRS 法には MCT 型検出器がほぼ必須と考えてよい．また，高い波数分解での測定にも MCT は強力である．

逆に，反射吸収（RA）法（2.7.2 項）のように高スループット測定の場合は，明るすぎてMCT型検出器はすぐに飽和してしまうのでメッシュフィルター（減光フィルター）を入れるなどして，光量と発生電圧が線形の範囲に入るように調整する必要がある．実際には，干渉図形のセンターバーストの電圧値をもとに，分光器付属のマニュアルに従って判断する．

やや細かいことだが，FT-IRの設定項目の1つである**アポダイゼーション関数**[1,3]について触れる．式（2.7）のフーリエ変換の積分範囲，すなわちミラーの掃引距離が有限値Lであるため，本来，次式のような窓関数$D(x)$をはさみ込んだものであることを考慮する必要がある（関数の上の波線はフーリエ変換，$*$はコンボリューション[1]を表す）．

$$
\begin{aligned}
S(\tilde{\nu}) &= \frac{1}{\pi}\int_0^L I(x)\cos 2\pi\tilde{\nu}x\,\mathrm{d}x \\
&= \frac{1}{\pi}\int_0^\infty D(x)I(x)\cos 2\pi\tilde{\nu}x\,\mathrm{d}x \\
&= \widetilde{D(x)} * \widetilde{I(x)}
\end{aligned}
$$

この窓関数を単純な矩形関数のまま放置すると，得られるスペクトルのバンドがゆがんだり，フリンジ状のノイズが発生してしまう．これを回避するため，$D(x)$に工夫した関数を入れて，見かけ上問題のない結果が得られるようにする．この$D(x)$をアポダイゼーション関数という．メーカーによってデフォルトの関数は異なるが，cosine，Happ-Genzel，Blackman-Harrisあたりが有名で，どれを用いても問題は少ない．これらを変えると，波数分解，線幅およびピークの高さに違いが出るので要注意である．このため，一度設定したらとくに理由がない限り，変更しないことを薦める．なお，滅多にないことだが，アポダイゼーション関数にtriangular関数を選んだ場合は，濃度に対する吸光度の線形性が著しく劣化するため，吸光度が0.5以下で測れるようにする．

2.5 無配向試料のバルク測定法

赤外スペクトルのような吸収分光法は，表面選択律を介して分子配向がスペクトルの形に大きく影響する．これは分子配向解析に便利な反面，配向に左右されない，化合物が本来示すはずのスペクトルが知りたいことがしばしばある．こうした目的には，無配向の試料を直接測る方法が便利である．

2.5.1 KBr 錠剤法

結晶や粉末の試料のスペクトルを透過法で測るための代表的な手法．細粉化させる前処理が，試料を無配向化させる．

図 2.5 に示すメノウ乳鉢に，よく乾燥させた臭化カリウム（KBr）を入れ，細かくすりつぶす．これをプレスして透明な KBr 錠剤にしたものをバックグラウンドのシングルビーム（T_{BG}）測定に用いる．

一方，試料を KBr 粉末に対して重量比で 1% 以下を目安に取り，メノウ乳鉢でよくすりつぶす．試料は微量なので，すりつぶしている最中に試料が乳鉢内部やすり棒に薄くこびりついて見えなくなることが多いが，気にせずよくす

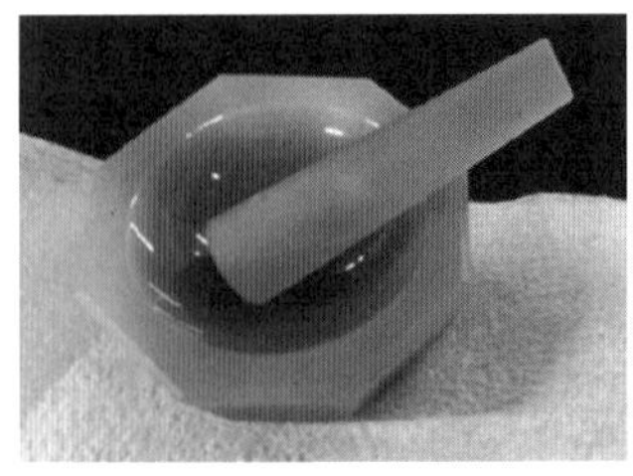

図 2.5 KBr 錠剤法に用いるメノウ乳鉢とすり棒

りつぶす．その後，微粉末にしたKBrを加え，試料と混ぜることを意識してすり棒でよくすりつぶす．こうして試料をKBrに分散させた微粉末をプレスして錠剤とし，これを T_{sample} のシングルビーム測定に用いる．得られた2つのシングルビームスペクトルから，式（2.8）に従って吸光度スペクトル A を得る．

$$A = -\log_{10}\frac{T_{\text{sample}}}{T_{\text{BG}}} = \frac{1}{\ln 10}\frac{4\pi n''}{\lambda}z \equiv \frac{1}{\ln 10}\alpha z \qquad (2.8)$$

この式（2.8）には，マックスウェル方程式を解いて得た結果もあわせて示してある．試料の厚み z があらわに含まれているが，式（2.8）がLambert-Beerの式を詳しく表現したものと見てよい．この式を見ると，複素屈折率（$n = n' + \text{i}n''$）の虚部 n'' がスペクトルの形をほぼ決めることがわかる．波長 λ も多少形に影響しているので，$\alpha \equiv 4\pi n''/\lambda$ と定義すると，α がスペクトルの形を厳密に決める．KBr錠剤法の**第1の目的**は“**αスペクトル**を測る”ためといえる．これは後述するように（2.6節），バルク測定法に特有のもので，薄膜測定ではこの形のスペクトルが測れないので注意が必要である．念のため補足すると，複素屈折率の虚部がスペクトルの形を支配するのは，KBr錠剤の厚みが波長よりはるかに大きいという“**バルク測定**”の条件を満たすときだけである．表面だらけの微粉末なのにバルク測定という，二重の性格を持つのがKBr錠剤法の特質である．

KBr錠剤法は，試料作りの過程で試料を細かく粉砕する．このとき，試料の結晶性は保たれたまま“微結晶”が“無配向”になっていることが多い．少なくとも無配向性は確保される．すなわち，KBr錠剤法の**第2の目的**は，**試料の配向を消す**ためである．これにより，化合物が本質的に持つ赤外吸収のパターン，すなわち α スペクトルが得られる．

KBr錠剤法で得られる“配向を除外した α スペクトル”は，分子配向を議論するうえで欠かせない，出発地点ともいえるスペクトルである．したがって，もしKBr錠剤法が使えずに，他の方法でバルク試料を測定したとしても“何とかして α スペクトルに相当する結果を得たい”と考えることは，分子配向解析をする上での重要なモチベーションである．

最後に，KBr錠剤法の問題点を述べる．錠剤形成に高圧を要するため，試料が変性する場合があり，タンパク質試料等の測定には向かないことがある．また，カリウムイオンや臭化物イオンが試料と反応して，イオンの置換や塩の形成が引き起こされる場合もある．

2.5.2

液膜法

試料が液体の場合，KBr錠剤法は使いにくい．この場合は，試料そのもの，または溶媒に溶かした試料を2枚の光学窓に挟み，垂直透過法で測定する（**図2.6**）．溶液試料の場合は，溶媒のみを挟んだものをバックグラウンド測定に用い，試料とバックグラウンドの屈折率の差ができるだけ小さくなるよう心掛ける．

代表的な赤外透明窓板はゲルマニウム（Ge），シリコン（Si），セレン化亜鉛（ZnSe），フッ化カルシウム（CaF_2）などである．液膜の厚さは金属またはテフロン製のスペーサーで調整し，もっとも強いピークの吸光度が1程度以下になるよう調整する．ただし，液膜の厚みを小さくし過ぎて赤外線の波長と同程度にすると，スペクトルに光学フリンジが現れ，スペクトル測定の障害となるので，その場合はスペーサーの厚みを増さざるを得ない．

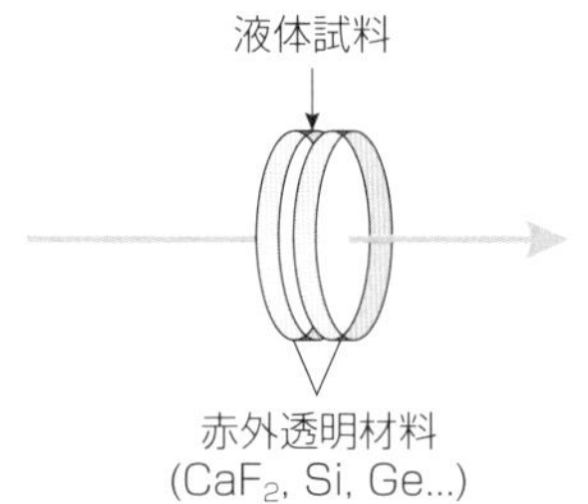

図2.6 液膜法の概念図．これが液体セルに組み込まれている．

2.6 界面・薄膜の測定

試料の厚みが小さくなると，Lambert–Beer 則は破綻する．そのことを理解するため，バルク試料について成り立つ Lambert–Beer の式（式（2.9））から考えよう．

$$A(\tilde{\nu}) = \varepsilon_{\mathrm{M}}(\tilde{\nu})cd \tag{2.9}$$

A は吸光度，$\varepsilon_{\mathrm{M}}(\tilde{\nu})$ は任意の波数 $\tilde{\nu}$ でのモル吸光係数，c は試料の分子密度，d は試料の厚みである．試料の厚みを $d=1$ cm と固定し，分子密度を $c=1$ M にすると，$A(\tilde{\nu})=\varepsilon_{\mathrm{M}}(\tilde{\nu})$ となることから，$\varepsilon_{\mathrm{M}}(\tilde{\nu})$ は濃度 1 M 換算の純成分スペクトルと理解してもよい．

これが薄膜試料についても成り立つとすると，d が単に小さな値に変わるに過ぎず，式（2.8）自体に変化はない．つまり，スペクトルの形は純成分スペクトル $\varepsilon_{\mathrm{M}}(\tilde{\nu})$ によって決まり，厚みが変わっても形が変わることはないし，その強度も分子密度以外には影響を受けないはずである．

ところが**図 2.7** の例が示すように，同じ自己組織化膜（SAM）を異なる基板上で測ると，吸光度が明らかに変わってしまう．いずれも垂直透過測定によるスペクトルで，式（2.8）に従って測っている．すなわち，図 2.7(a) の Si 基板を使った場合はバックグラウンド測定も Si 板を使い，図 2.7(b) のアルミナ基板の場合にはアルミナをバックグラウンド用に使って測定している．

この結果は，式（2.8）の前半だけを見ると違和感を覚える．試料のシングルビームスペクトル T_{sample} をバックグラウンドの T_{BG} で割っているので，単純に考えると基板に関する情報はキャンセルされ，SAM 膜の情報だけがスペクトルに現れ，まったく同じ大きさのスペクトルが現れるような気がする．実際，だからこそ式（2.9）の Lambert–Beer の式は薄膜に関するモル吸光係数

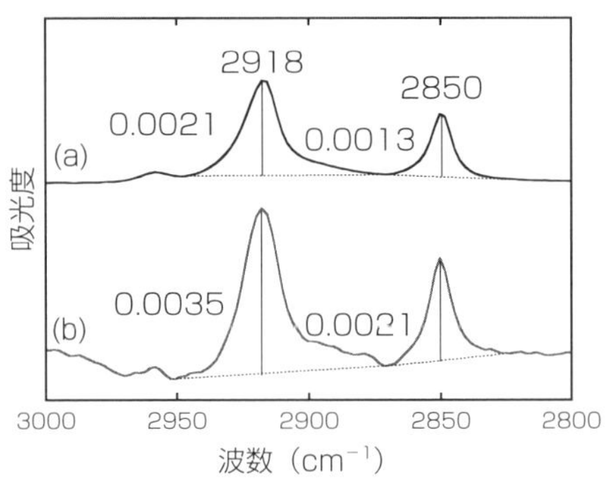

図 2.7　(a) Si 基板および (b) アルミナ基板に作製した自己組織化膜の赤外透過スペクトル

$\varepsilon_M(\tilde{\nu})$ のみの関数になっていて，基板の定数がまったく含まれていなくてよいのではないのか？

ところがこの考え方は，界面付近で生じる電場の特殊性を無視した近似である．光の電場が空気中から物質に入るとき，空気/物質の界面で E_{b1}（**図 2.8** (a)）のような特殊な分布の電場（図では濃淡で表現）に変わる．この電場分布は界面の近傍のみに起こり，吸収のない物質内のほとんどの場所では一定の電場（E_s）になる．その後，再び界面をまたいで空気中に出るときも逆向きの E_{b1} 電場を生じたのち，E_t の電場となって空気中に出る．これがバルク試料に

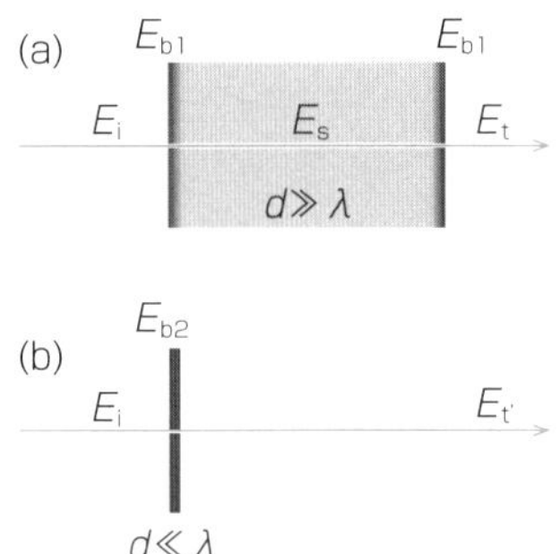

図 2.8　光の電場の変化を濃淡で表現した図．(a) バルク試料の厚みを減らし，(b) 波長より十分に厚みが小さな薄膜にすると，試料内部の電場環境はバルク試料とはまったく異なる．

光を通した時の特徴である．すなわちバルク試料の特徴は，試料の大部分が一定の電場 E_{s} と相互作用する．

一方，この試料の厚みを減らしていくと，図 2.8(b) のようになり，試料のほとんどが特殊な分布を持つ E_{b2} にさらされる．つまり，単に厚みが減ったのではなく，界面付近の特殊な電場分布の影響をまともに受けるので，この電場との相互作用を考える必要がある．

基板を含めた薄膜測定の場合も同様に考えることができ，基板と試料の界面で特殊な電場分布が生じる．つまり，式 (2.8) のように試料のシングルビームスペクトルをバックグラウンドで割り算しても，薄膜が特殊な電場分布にさらされている状況に変わりはなく，結局，基板の影響はキャンセルされずに残る．

図 2.7 の例は，まさに基板の違いが基板付近の電場の違いを生み，それが薄膜による光吸収の程度に違いを与えたことを明確に示している．もちろん，この吸収の違いは，定量的に簡単に補正が可能である（式 (2.10) で解説）．

2.7 界面が関わる各種測定法

ここから，赤外分光法で用いられる測定法のうち，界面の影響が大きなものをまとめて説明する．すなわち，薄膜に関する透過法（2.7.1 項）から MAIRS 法（2.7.5 項）の 5 つの方法に加えて，固体表面を非接触で測定する正反射法（2.7.6 項），および粉末の測定に用いる拡散反射法（2.7.8 項）について述べる．

各論に入る前に，偏光（1.2 節）の種類について説明する．それには **“入射面”**（**incidental plane**）の定義を理解する必要がある．**図 2.9** に示すように，入射赤外線と反射赤外線の 2 つの直線で決まる平面（図中の点線による四角形）を入射面という．透過光学系を考える場合でも，いったん反射光を想定して入射面を定義する．

この入射面に赤外線の電場ベクトルが垂直（ドイツ語で senkrecht）となるような直線偏光を **s 偏光**という．直線偏光とは，光の進行とともに偏光ベクトルが回転せず，偏光面を規定できる光のことである．一方，入射面に電場ベクトルが平行（parallel）になるような直線偏光を **p 偏光**という．分野によっては，s 偏光および p 偏光を，それぞれ TE 波および TM 波と呼ぶこともある．なお，垂直入射の場合，s および p 偏光に区別がなくなる．つまり，物質に複屈折があったとしても 2 つの偏光は同じ光路をたどる（光軸）．

直線偏光は，偏光子によって容易に作れ，また偏光電場（偏光面）の向きも自在に設定できる．偏光子には複屈折を利用したグラントムソン（Glan-Thompson）型もあるが，赤外線領域でもっとも普及しているのはワイヤーグリッド（wire-grid）型である．

ワイヤーグリッド型偏光子は，赤外線に透明な ZnSe などの窓板の上に，金の細い線状のワイヤーを多数並べたもの（グリッド）である．**図 2.10** の絵を

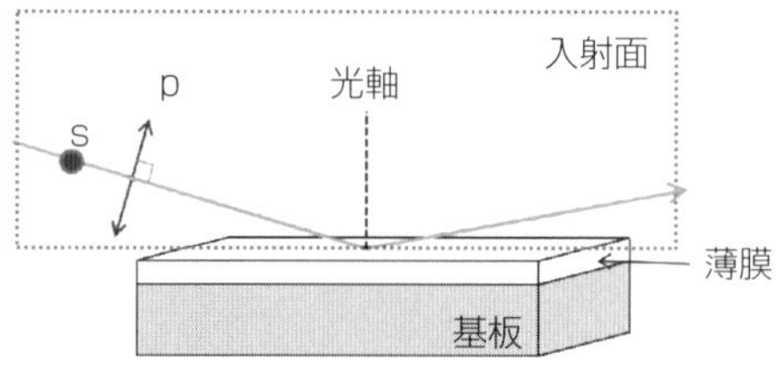

図 2.9　薄膜を載せた基板に赤外線を入射するときの入射面と 2 つの偏光

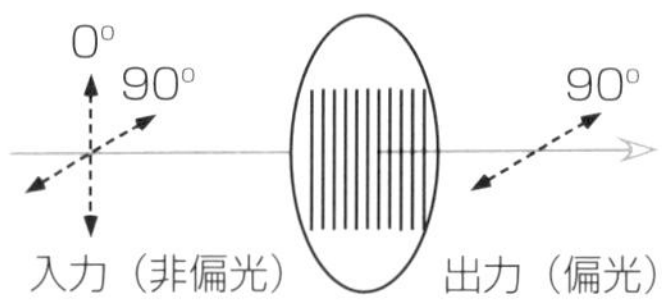

図 2.10　ワイヤーグリッド型直線偏光子の概念図．点線矢印は，偏光の電場振動を表す．

使って原理を説明する．入射光は非偏光の赤外光で，グリッドに対して平行（0°）と垂直（90°）の2つの電場成分からなる．この非偏光赤外光がワイヤーグリッドに当たると，ワイヤーに平行な電場成分だけがワイヤー内部の電子の集団運動を励起して吸収される．一方，垂直成分はほぼそのまま通過し，偏光が得られる．グリッドの向きを調整すれば，出力の偏光面も自在に変えられる．

ワイヤーグリッド型の偏光子は，見た目にはワイヤーが細くて目に見えず，うっかり素子表面を触ってしまうと，グリッドを壊してしまい，偏光子として機能しなくなるので，偏光子表面を触らないように細心の注意が必要である．また何らかの理由で偏光子表面が汚れても，絶対に拭き取ってはいけない．エアーブラシで埃を吹き飛ばす以上の処置は厳禁である．

2.7.1 透過（Transmission；Tr）法

測定したい薄膜を支持基板に載せ，赤外線を透過させてスペクトルを測定する方法（**図 2.11**）．基板には赤外線に透明な板を用いる必要がある．英語の transmission を，透過率の transmittance と混同しないように注意．透過法で測っても，スペクトルの表示には必ず吸光度（absorbance）表示を用いる．入射角は，膜法線からの角度で定義されている．

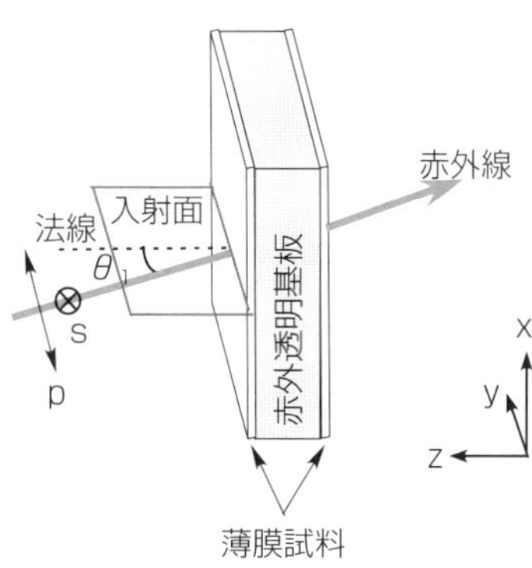

図 2.11 任意の入射角 θ_1 を想定した赤外透過法の概念図．p および s 偏光の電場ベクトルは，それぞれ入射面に平行および垂直．

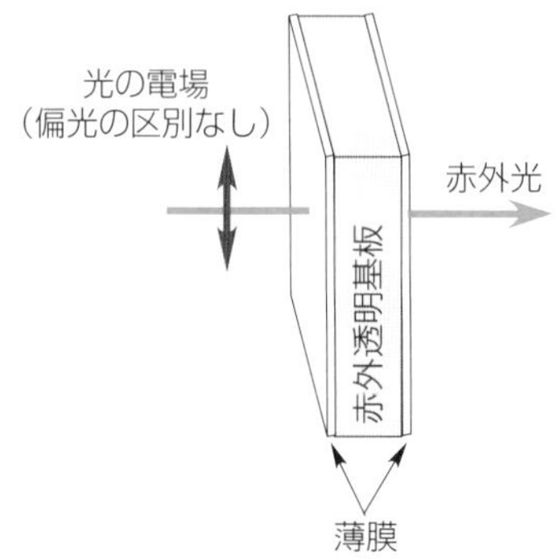

図 2.12 垂直透過による透過法の概念図．薄膜は片面だけでも同じ議論ができる．

図中に示す s および p は入射赤外線の偏光を表す．s 偏光の電場は入射角によらず常に膜面に平行で，膜に平行な分子振動成分を選択的に測定する．もちろん，入射角によって通過する試料中の光路長が変わるが，得られる吸光度はこうした単純な予想よりは複雑なので[1]，定量的な扱いに直観を適用してはならない．一方，p 偏光は入射角によって，膜面に平行・垂直の両成分の比が変わるので，膜中の分子配向を大まかに議論するのに，p 偏光の入射角依存スペクトルは使える．

透過法でもっともよく使われるのは，垂直入射（$\theta_1=0$）である（**図 2.12**）．この場合，入射光の軸は光軸（図 2.9）と一致し，s および p 偏光に区別はなくなる．その結果，垂直透過スペクトルは，次のような偏光に依存しない式として得られる（導出の詳しい過程は文献 1 を参照）．

$$A_{\theta_1=0}^{\mathrm{Tr}} = \frac{1}{\ln 10 \cdot \lambda} \cdot \frac{8\pi d_2}{n_1 + n_3} \mathrm{Im}(\varepsilon_{\mathrm{r}x,2}) \qquad (2.10)$$

ここで，下付き文字の x は図 2.11 に示す座標に対応し，1〜3 は順に空気，薄膜，基板層を表す．また，n は屈折率，d は厚さ，ε_{r} は比誘電率を表す．つまり，式（2.10）はスペクトルの形が，“薄膜層の比誘電率の虚部”のうち“膜面に平行な成分”に支配されることを意味する．このうち，後半の“膜面に平行な遷移モーメント成分だけがスペクトルに現れる”性質を，透過法の**表面選択律**（**surface selection rule**）という．なお，$\mathrm{Im}(\varepsilon_{\mathrm{r}x,2})$ を光学横（transverse optic；TO）エネルギー損失関数，または単に**TO関数**という．すなわち，垂直透過法は純粋なTO関数の形を測る方法と言える．

このTO関数を

$$\varepsilon_{\mathrm{r}} = n^2 \tag{2.11}$$

を考慮して書き直すと[1)]，

$$\mathrm{Im}(\varepsilon_{\mathrm{r}x,2}) = \mathrm{Im}(n_{x,2}^2) = \mathrm{Im}[(n'_{x,2} + \mathrm{i}n''_{x,2})^2] = 2\,n'_{x,2}n''_{x,2} \tag{2.12}$$

である．バルク測定法（式（2.8））は，スペクトルが $n''_{x,2}$ のみに支配されているのに対し，膜が薄くなっただけで，スペクトルの形が複素屈折率の実部にも影響を受けて $n'_{x,2}n''_{x,2}$ に支配されるようになった．これが界面の電場の特殊性を反映した結果である．複素屈折率の“実部”もスペクトルの形に影響するのが薄膜の世界である．

このことから，垂直透過法で得たスペクトルを，KBr錠剤法で得たスペクトルと直接比較できないことが理解できる．ただし，この問題が顕在化するのは屈折率実部の分散が大きい時，すなわち吸収の強いピークについてである．特に，C=O，C–F，C≡N結合を含む官能基由来のバンドは要注意である．したがって，アミド基の解析にも細心の注意を払わないと間違った結論に陥りやすい．

一方，もうひとつの問題が基板の屈折率である．式（2.10）には基板の屈折率 n_3 が含まれている．このように，界面の影響がある測定では，バックグラウンドで試料スペクトルを割り算しても，基板の影響は残る．

あらためて図2.7の2つのスペクトルを見比べよう．シリコンとアルミナの上に作製したSAM膜のスペクトルの大きさが明らかに異なっている．基板の影響がないと考えると，この大きさの違いは膜密度の違いと分子配向の違いの2つの可能性を示唆する．しかし，実際には基板の屈折率の違いだけで説明できる．式（2.10）から，シリコンとアルミナ上で測ったときの吸光度をそれぞれ A_{alumina} および A_{Si} として，スペクトルの形は同じであるとすれば，次式が成立する．

$$\frac{A_{\text{alumina}}}{A_{\text{Si}}}=\frac{n_{\text{Si}}+1}{n_{\text{alumina}}+1} \tag{2.13}$$

2つの基板の屈折率（$n_{\text{Si}}=3.4$ および $n_{\text{alumina}}=1.7$）と，2850 cm^{-1} にあるシリコン基板上でのスペクトルの CH_2 対称伸縮振動（$\nu_s(\text{CH}_2)$）バンドの吸光度 $A_{\text{Si}}=0.0013$ を式（2.13）に代入すると，$A_{\text{alumina}}=0.0021$ が得られ，実測結果とよく一致する．つまり，吸光度の違いは，基板の違いによる見かけのもので，薄膜自体にはなんら違いがないことがわかる．

なお，こうした議論には，波数に変化がないことを確かめることも重要である．アルキル鎖の $\nu_s(\text{CH}_2)$ バンドはコンフォメーションに敏感である（1.6節）．もし，スペクトルの強度変化が膜密度由来であるとすると，密度が低い時は分子パッキングが緩み，コンフォメーションに乱れが生じる．図2.7のスペクトルには波数変化が見られないので，密度の低下は否定できる．唯一の懸念は不均一な成膜による平均的分子密度の低下だが，その場合は式（2.13）による換算結果とは合わなくなる．補正がうまくいったということは，SAM膜の構造自体はなんら変化がなく，単に見かけの強度の変化だったことが結論できる．

2.7.2
反射吸収（RA）法

垂直透過法と並ぶ代表的な薄膜測定法に，反射吸収（reflection-absorption；RA）法がある．RA法は，金属基板上での薄膜の反射測定を示す用語で，非金属基板上での反射測定である外部反射法とは厳密に区別する．これらを混同した使い方も見かけるので，文献を見るときは基板の性質を見極める必要がある．

RA法の測定概念図を**図2.13**に示す．金属基板上に作製した薄膜試料に，赤外線のp偏光を大きな入射角（grazing angle；θ_1）で入射する．典型的な入射角は70°～80°である．

基板を金属とすることで，基板界面付近の電場は，鏡像効果と呼ばれる現象が起こる．**図2.14**に空気側から金属表面に電場が近づいた時のイメージを，双極子風に描いてある．RA法で入射するp偏光は入射角が大きく，界面に垂

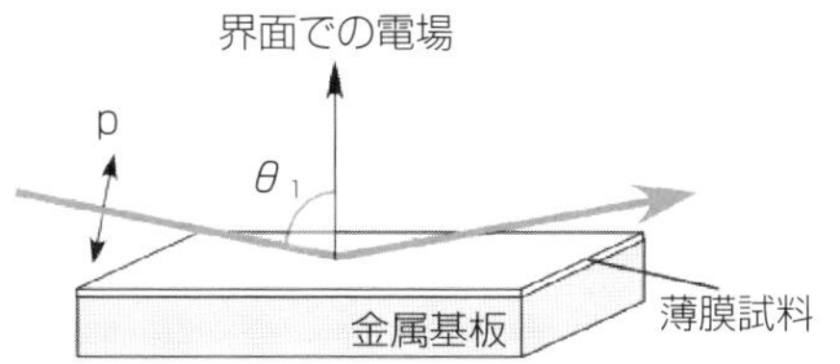

図 2.13　RA 法の測定概念図

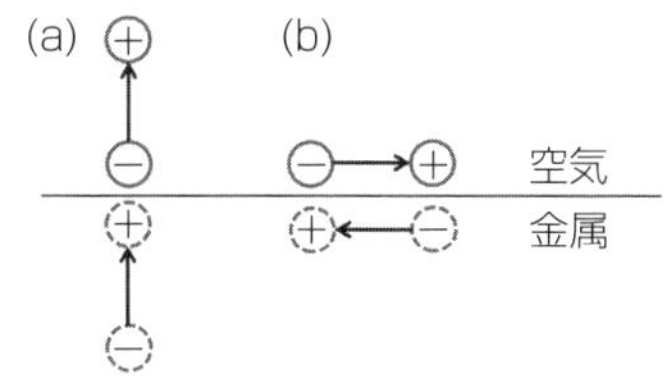

図 2.14　金属表面付近の電場と鏡像効果

直な大きな成分（図 2.14(a)）と，平行な小さな成分（図 2.14(b)）を持つ．

このうち，垂直な電場成分は界面付近で図 2.14(a) のように双極子的に描くとわかりやすい．界面に近いマイナスの電荷は金属中では反対のプラスの鏡像電荷となって界面から同じ距離のところに現れるとみなせる．これを**鏡像効果**という．同様に界面から離れたプラスの電荷は，金属内部にマイナスの鏡像電荷を生む．その結果，鏡像でできた電場と元の電場は強め合い，界面に垂直方向に入射光による電場よりも強い電場が生じる．

逆に，界面に平行な成分は図 2.14(b) に示すように，鏡像電荷により元の電場が打ち消されてしまう．結果として，RA 法では界面付近で膜面に対して垂直な方向に，強い電場が生じることが定性的な考察から理解できる．この結果を図 2.13 には垂直矢印で描いている．これは，垂直透過法のときの電場とは方向が 90° 異なることを意味する．すなわち，RA 法では，膜面に垂直な遷移モーメント成分だけが選択的にスペクトルに現れる．これを RA 法の**表面選択律**（**surface selection rule**）という．

このことから，RA 法の測定には p 偏光だけを用いた測定が標準だが，非偏光を用いても自動的に s 偏光の吸収への寄与が消えるため，RA 法の表面選択律を維持した測定ができる．しかし，非偏光による測定では，s偏光の寄与が吸収にはなくても光強度そのものには残るため，得られる吸光度がp偏光測定に比べて半分になることは知っておく必要がある[1)]．

RA法についても，界面を考慮した電気学的解析により解析的な表式を得ることができる．ただし，反射法における吸光度は，次式で定義され，厳密には**反射吸光度**（**reflection-absorbance**）といい，透過法の吸光度と定義を区別する．

$$A \equiv -\log_{10}\frac{R}{R_0}$$

ここでRおよびR_0は，それぞれ試料のある場合と基板のみでの反射率である．ただし，実際には，透過法の吸光度と定量的にほぼ同一であることがわかっているため[1)]，ここでは区別せず単にAと書くことにする．

この反射吸光度についてマックスウェル方程式を解くと[1)]，スペクトルは次式で表される．

$$A^{\mathrm{RA}} = \frac{8\pi d_2}{\ln 10 \cdot \lambda} n_1^3 \frac{\sin^2\theta_1}{\cos\theta_1} \mathrm{Im}\left(-\frac{1}{\varepsilon_{\mathrm{rz},2}}\right) \tag{2.14}$$

まずこの式から，スペクトルの形を支配する関数がTO関数ではなくなり，$\mathrm{Im}(-1/\varepsilon_{\mathrm{rz},2})$という異なる関数に支配されていることがわかる．この関数を光学縦（longitudinal optic；LO）エネルギー損失関数，または単に**LO関数**という．すなわち，RA法は純粋なLO関数の形を測る方法だともいえる．このLO関数の中身を見ると，比誘電率のz成分だけが含まれており，膜面に対して垂直な成分が選択的に測定できる表面選択律が，確かに示されている．

一方，$\sin^2\theta_1/\cos\theta_1$は，入射角に対して単調に大きくなる関数で，とくに入射角が大きくなると急激に増加する特徴を持つ．このため，RA法の場合，入射角はできるだけ大きくしたほうが良いことがわかる．実際には80°より大きくすると，迷光が起こりやすくなり実験精度が低下するため，上限は80°程度である．逆に入射角を小さくすると急激に吸光度が減少するため，70°程度を下限とする．RA専用の光学装置は，入射角を75°に固定しているタイプもよく見かける．

RAスペクトルで得られる吸光度は，透過法に比べて約1桁吸光度が大きく，このため高感度反射法と呼ばれることもある．その他，grazing-incidence IRなど，RA法にはいろいろな変形呼称を見かけるが，国際的に認められている名称を勝手に変えるべきではない．いずれにせよ，透過法に比べて感度が高いという性質は，薄膜の測定にとって有利である．その一方，透過法と縦軸のスケールがまったく合わないということにもなり，分子配向解析を難しくする要因でもある．この問題は，2.7.5項のMAIRS法で解決できる．

式（2.14）でもうひとつ特徴的なことは，この式に基板の光学定数（n_3）がまったく含まれていないことである．つまり，金属基板でさえあれば，金属の種類によらずRAスペクトルは常に同じ結果を与える．透過スペクトルでは基板の屈折率が残ったことに比べると，これは非常に大きな違いである．

また，n_1^3を含むことから，空気層の代わりに四塩化炭素などの液中で実験すれば，さらに高感度な測定ができる可能性が示唆される．

（1）RA測定の光軸調整

RA法の測定をするための光学系の例を**図2.15**に示す．この例では，図の右側から変調赤外光が出てきて，p偏光になるように調整した直線偏光子を抜けたあと，3枚の鏡を経て試料に入射する．この入射角は自由に変えられる．その後，4枚の鏡を経て分光器の検出器に向かう．たくさんの鏡を使っているのは，光路の高さをわざと変えて，試料で発生する迷光が検出器に行かないように設計されているからである．高度に設計された光学系は自作では困難で，信頼できる製品を使うことを勧める．ここの性能によっては，同じFT-IRでも薄膜の測定がうまくいかなくなる場合もある．

反射装置は試料室への取り付け位置の再現性が良くないことを想定し，毎回，測定前に光軸調整をする．赤外線は目に見えないので，赤いレーザー光（漏れ光）をおよその目安にして試料への照射位置を調整する．まず偏光子を取り外し，試料の代わりに厚紙で作ったダミーの試料を試料溝に立て，厚紙の中央にレーザー光が来るように入射側のミラーを調整する．

次に，偏光子を戻し，適当に用意した光軸調整用の鏡を試料溝に立て，鏡が横から見て垂直に取り付けてあることを確かめてから光軸を調整する．この鏡は，スライドガラスに金属を蒸着したものを使うとよく，アルミ，銀，金など

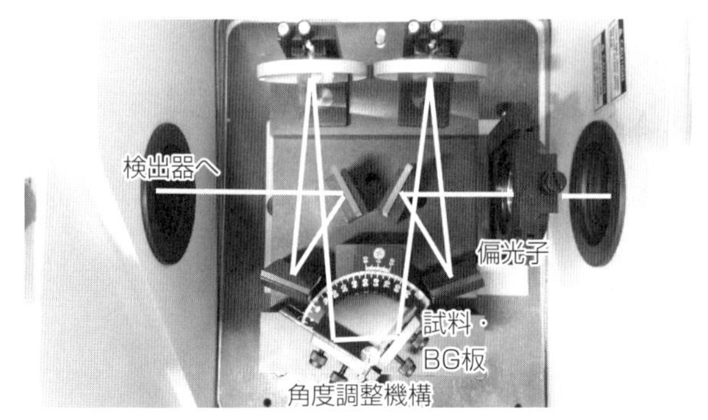

図 2.15 上から見た反射光学系の一例（Harrick 社製 VRA 型）

が使いやすい．光軸の最適化は，FT-IR の干渉図形（図 2.3）を見ながら行う．ただし，鏡を使った光軸調整では明るい光が検出器に届くため，適切なメッシュフィルターで減光し，検出器が飽和しないように気を付ける．次いで，干渉図形のセンターバーストの大きさが最大になるように，出力側のミラーを微調整する．微調整とはいえ，ここでの信号強度の変動は大きく，ここをうまく調整することが優れた測定の肝である．

鏡による調整が済んだら，試料またはバックグラウンド用の板を試料溝に取り付ける．このとき，取り付けネジをあまりきつく締め過ぎないように気を付ける．強く締めると，圧力で板に複屈折が生じる恐れがあるからである．穏やかな締め方で，かつ再現性の良い締め方は多少慣れを要する．なお，干渉図形の大きさが AD コンバーターのダイナミックレンジの半分以下だと，ダイナミックレンジを活かせなくなるのでアンプのゲイン調整を行い，レンジの半分以上でかつレンジをオーバーしない大きさに調整する．こうして，ようやく反射測定の準備が整う．なお，バックグラウンドと試料の測定が理想的に同じ光学系になるよう，板の置く位置が再現できるよう工夫しておくとよい．うまくいくと，両者のシングルビームスペクトルは，試料のピーク以外は完全に重なる．

(2) RA 測定の実例

赤外 RA スペクトルの具体例[6]を**図 2.16** に示す．ステアリン酸カドミウム

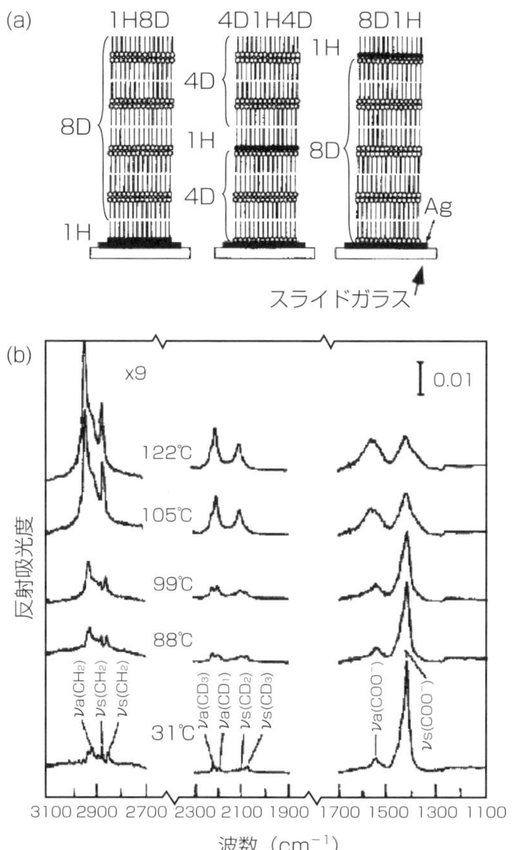

図 2.16　**(a) 重水素化ステアリン酸カドミウム 9 層 LB 膜のうち 1 層を軽水素化合物で置き換えた LB 膜（銀基板上），および (b) 1H8D の赤外 RA スペクトルの温度依存性**[6)]

塩は典型的な両親媒性化合物で，図 2.16(a) に示すような Y 型の LB 膜を作製できる．このうち 1 層だけを軽水素ステアリン酸カドミム塩（H 層）で，残り 8 層を重水素化したステアリン酸カドミウム塩（D 層）で構成し，H 層の位置により異なる 3 つの試料を作製した．

図 2.16(b) は，この 3 つの試料のうち，H 層が銀基板直上に位置する 1H8D について測定した，赤外 RA スペクトルの温度依存性である．すなわち，2900 cm^{-1} 付近には H 層由来の CH 伸縮振動バンドが現れ，2100 cm^{-1} 付近には D

層由来のCD伸縮振動バンドが現れ，1500 cm^{-1}付近には両層共通のカルボキシル基由来のCOO伸縮振動バンドが現れている．H層由来の2900 cm^{-1}付近には単分子膜1層分の情報しか現れないにもかかわらず，スペクトルが測定できているのは，RA法の高感度さによるものである．実際，この測定が行われた1993年当時，透過法で単分子膜を測ることは無理であった．現在の分光器でも，機種によっては似たような感度であり，RA法の高感度さは超薄膜の測定に大きな威力を発揮することがわかる．

室温付近（31℃）で，$\nu_a(CH_2)$ および $\nu_s(CH_2)$ バンドが，それぞれ2917および2849 cm^{-1}に現れている．この波数は，アルキル鎖が全トランスのコンフォメーションを取るときに典型的な位置で，アルキル鎖の構造に乱れがないことを示す．この2つのバンドがいずれも非常に弱いのは，RA法の表面選択律による．すなわち，いずれの遷移モーメントも膜面に平行に近い分子配向のため弱まっており，これは分子主鎖が膜面に垂直に近い配向であることを示す．

一方，高温にすると，とくに105℃以上でこれらのバンド強度が大きく伸びている．これは高温にすることで膜構造が乱れ，アルキル鎖の分子コンフォメーションも大きく乱れ，膜面に垂直な振動遷移モーメントの成分が急に増えたからである．実際，このとき2つのバンド位置は大きく高波数にシフトしている．このように，コンフォメーション変化と分子配向の変化をセットで議論することで，整合性の取れた結論を単分子膜レベルの薄膜から引き出せるのは赤外分光法の強みと言える．なお，ここでは議論の紹介を省くが，H層の位置の違いによって，耐熱性の違いを明確に引き出すこともできる．

もう一つRAスペクトルを利用して，らい菌や結核菌の外膜に存在するミコル酸単分子膜の構造を調べた例を紹介する[7]．**図2.17**(a) に，α ミコル酸の構造式を示す．天然物由来のため，構造に多少の揺らぎがあるが，非対称な2本のアルキル鎖骨格を持つのが特徴である．このうち1本はC25程度と十分に長いが，もう1本（mero基）はC50程度と際立って長い骨格を持つ．しかし，末端にカルボキシル基と水酸基という親水基を2つもつおかげで両親媒性を示し，水面上で安定な単分子膜を形成する．

この単分子膜を表面圧4および18 mN m^{-1}で金板にLB法ですくい取り，

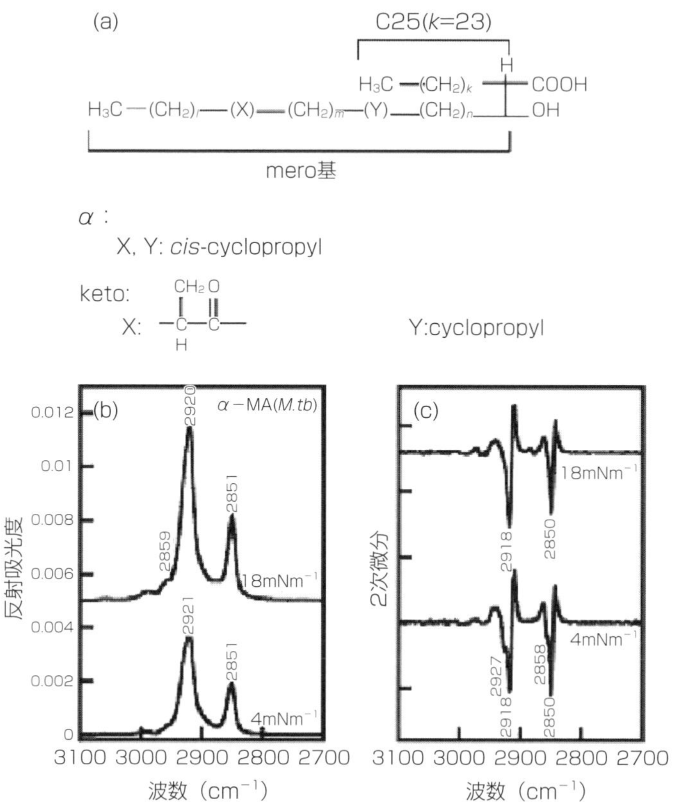

図 2.17 (a) αミコル酸の化学構造式と，その単分子膜の (b) 赤外 RA スペクトル（金板上）と (c) その二次微分スペクトル[7)]

赤外RA法で測定したスペクトルが図2.17(b) である．表面圧の増加に伴い，バンド強度が増していることから分子密度が高まっていることがうかがえるが，分子配向変化が影響している可能性もある．$\nu_a(CH_2)$ および$\nu_s(CH_2)$ バンドが，それぞれ2921および2851 cm^{-1} に現れていることから，全トランス構造およびゴーシュ構造が混じった構造である可能性がある．しかし，この生スペクトルからはこれ以上の情報を読み出すことは難しい．

このような場合，RA スペクトルが高感度でSN比が高いことを利用すると，二次微分（1.7.2項）を計算することで，見かけの波数分解を向上させることができる．図2.17(c) にその二次微分スペクトルを示す．これを見ると，表面圧が 4 mN m^{-1} のとき，$\nu_a(CH_2)$ バンドは 2927 および 2917 cm^{-1} に 2 つのピーク位置を持つことがわかる．同様に，$\nu_s(CH_2)$ バンドも 2858 および 2850 cm^{-1} に 2 つのピーク位置を持つ．すなわち，生の RA スペクトルではそれぞれ 1 本のピークにしか見えていないが，実際にはゴーシュと全トランスの 2 つのコンフォメーションが混在していることが明確にわかる．

これが 18 mN m^{-1} になると，二次微分スペクトルでも 2918 および 2850 cm^{-1} の 2 本に収束するため，表面圧を上げて分子パッキングを高めた結果，コンフォメーションがより整った全トランス構造に揃うことがわかる．実は，ミコル酸は mero 基があまりに長く，かつ 2 本鎖が非対称なため，低表面圧では長鎖が折れ曲がって，全体が 3 本鎖のようになっている．つまりこの折れ曲がり部位がゴーシュコンフォメーションを与える．一方，高い表面圧にすると分子鎖が伸び切って 2 本鎖状に変わり[8)]，これが全トランス構造への変化を説明する．

一般に，コンフォメーションが整うと $\nu_a(CH_2)$ および $\nu_s(CH_2)$ モードの平均的な配向はより基板に平行な配向に近づくので，RA 法の表面選択律を考えるとこの 2 つのバンド強度は弱まる方向に変化する．それにもかかわらず，バンド強度が 1.55 倍も増加しており，水面上での膜面積の減少率から算出した分子数密度は 1.25 倍とは合わない．これは，3 本鎖から 2 本鎖状に変化した際，分子断面積が小さくなって同じ膜面積でも存在する分子数が増えたことで説明がつく．こうして，やはりコンフォメーション変化と RA 法の表面選択律の両方を考慮することで，複雑な膜中での分子構造の変化が鮮やかに読み取れる．

2.7.3 ATR 法

Attenuated total reflection（ATR）法は，バルク試料から薄膜測定まで幅広く使われる利用率の高い測定法で，減衰全反射法などの日本語名は一般性に乏しく，“ATR 法” で十分に通用する．

これは，他の方法と違い，試料に直接赤外光を当てずに，ATR プリズムと呼ばれる素子内部で “全反射” させたときの，界面でのしみだし電場を使って試料による吸収を適度に弱めて測る方法である．その概要を**図 2.18** に示す．

ATR プリズムには高屈折率媒質を用い，代表的な材質はゲルマニウム（$n=4.0$），シリコン（$n=3.4$）およびダイヤモンド（$n=2.5$）である．また，図 2.18 には三角形のプリズムを描いているが，円柱や球状のプリズムもよく用いられる．このような高屈折率媒質内部から空気層側に向かう光が反射する現象を**内部反射**（**internal reflection**）といい，**臨界角**（**critical angle**）を持つことが特徴である．すなわち，入射角 θ_1 が臨界角 θ_c（$\theta_c \equiv \sin^{-1}(n_3/n_1)$）より大きいとき，光が**全反射**（**total reflection**）する．すなわち，光は試料中に入らない．

界面での細かいことは省いて大まかにいうと，この全反射するポイントで光の電場が界面をまたいで試料側にしみ出している．光吸収の本質は，双極子による電場の吸収だから（1.5 節），このしみ出し電場によって試料の吸収を測ることができる．1 回反射型の ATR 法の測定目的は，主に次の 2 点である．

1）分厚く光の透過性の低い試料（ゴム板など）を，しみ出し電場による適度に弱めた吸収により程よい吸光度のスペクトルを得る．

2）水中で ATR プリズム表面に吸着させた分子や単分子膜を，水の強すぎる吸収による邪魔を回避して，界面吸着種のスペクトルを得る．

このうち，1）はバルク測定法に便利に使われる．すなわち，KBr 錠剤法のようなサンプリングの手間を省き，ATR プリズム表面に試料を圧着させるだけで容易に赤外スペクトルが得られる（プリズムを侵す強酸などは除く）．とくに，ATR 光学系を乾燥空気でパージしておけば，試料自体は大気開放系

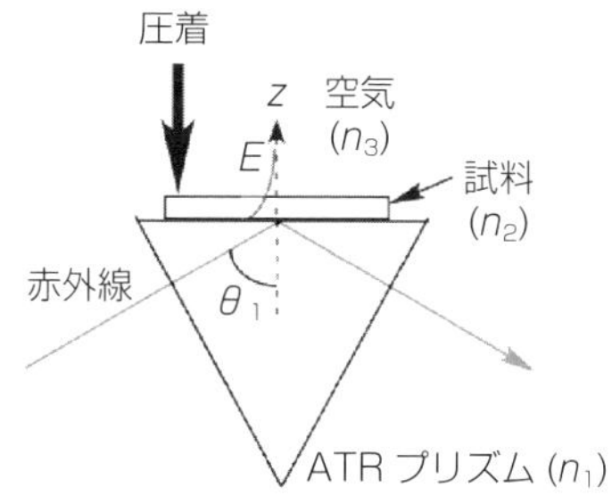

図 2.18　ATR 法の光学配置とスペクトル測定の概念図

で測ることができる．これはATR法ならではの大きなメリットである．

その一方，ATR法は界面を介した測定法のため，意外と面倒な性質をもつ測定法である．透過やRA法のときと同様に，界面を考慮したマックスウェル方程式の解（pおよびs偏光）をATR法について解いた結果を次に示す．

$$A^{\mathrm{ATR,p}}=\frac{8\pi d_2 n_1}{\ln 10\cdot\lambda}\frac{(n_1^2\sin^2\theta_1-n_3^2)\,\mathrm{Im}(\varepsilon_{\mathrm{r}x,2})+\varepsilon_{\mathrm{r},3}^2\,\varepsilon_{\mathrm{r},1}^2\sin^2\theta_1\,\mathrm{Im}\left(-\dfrac{1}{\varepsilon_{\mathrm{r}z,2}}\right)}{\cos\theta_1(\varepsilon_{\mathrm{r},1}-\varepsilon_{\mathrm{r},3})(\varepsilon_{\mathrm{r},1}\tan^2\theta_1-\varepsilon_{\mathrm{r},3})} \tag{2.15}$$

$$A^{\mathrm{ATR,s}}=\frac{1}{\ln 10\cdot\lambda}\frac{8\pi d_2 n_1\cos\theta_1}{\varepsilon_{\mathrm{r},1}-\varepsilon_{\mathrm{r},3}}\mathrm{Im}(\varepsilon_{\mathrm{r}x,2}) \tag{2.16}$$

式（2.16）のs偏光スペクトルは比較的簡単で，TO関数のみに支配されている．つまり，s偏光ATRスペクトルは，垂直透過測定のときと同じ“形”のスペクトルを与えるから，この2つの測定結果はピーク位置と相対バンド強度に関しては直接比較が可能である．

一方，式（2.15）のp偏光スペクトルは，TOおよびLO関数の重ね合わせ（線形結合）になっている．言い換えると，p偏光または非偏光のATRスペクトルは，垂直透過およびRAスペクトルと直接比較ができないことを示す．たとえば，RA法で測った単分子膜のスペクトルを，ATR法で測ったバルク試料のスペクトルとピーク位置で比較することは間違いのもとである．

なお，図2.18の光学系では$\varepsilon_{\mathrm{r},1}>\varepsilon_{\mathrm{r},3}$（すなわち$n_1>n_3$）が成り立つので，$\theta_1>\theta_c$の範囲で式（2.15）および（2.16）の係数は分母・分子ともにすべて正である．すなわち，ATRスペクトルは偏光によらず常に正の符号のピークを与える．だからこそ，とくに非偏光ATRスペクトルは一見，垂直透過やRAスペクトルと似ており，つい比較してしまいそうになるので注意が必要である．

なお，言うまでもないが，ATRスペクトルはKBr錠剤スペクトル（式（2.8））とは本質的に異なるスペクトルである．つまり，**ATR法はKBr錠剤法の代替にはならない**．この点は昔から注意喚起されている[9]ものの誤解が絶えないので，ここで改めて大書したい．ATR法のサンプリングが楽な長所を生かしつつ，垂直透過スペクトルと比較するには，ATRをs偏光測定で行うのが良い．ともにTO関数支配だからである．もちろん，その場合はRA法との比較はできない．

ところで，界面をまたいだ“しみ出し電場”の空間的な減衰を計算し，電場の“振幅”が 1/e になる距離を**しみ込み深さ**（**penetration depth**）d_p という（式（2.17））．

$$d_{\mathrm{p}} = \frac{\lambda_2}{2\pi\sqrt{n_1^2 \sin^2\theta_1 - n_2^2}} \tag{2.17}$$

これをイメージとして描いたのが，図2.18のEで示したz方向に減衰するカーブである．この電場の到達距離は，大まかに言って電場の波長の 1/10 程度であり，赤外分光法の場合 1 μm 程度と考えてよい．

表面から 1 μm という距離は，ゴム板のような試料を測定するには十分に浅い距離に感じられ，実際，表面付近の構造解析に ATR 法は便利に利用される．一方，単分子膜レベルの薄膜を ATR プリズムに載せて溶媒中で測った場合は，かなりの長距離に感じられる．すなわち，薄膜を完全に通り抜けて，溶媒層に深くしみ込むように見え，溶媒由来のピークが邪魔に感じられることもある．

しみ込み深さは，入射角を大きくすると単調に減少する．実際に，シリコン製の球状 ATR プリズムを用いて入射角を変えながら測った，水の非偏光赤外 ATR スペクトルを**図 2.19** に示す[10)]．入射角を大きくするにつれて吸光度が小さくなることは，式（2.15）および（2.16）からもわかるが，式（2.17）によるしみ込み電場の到達距離が短くなるという理解でもよい．

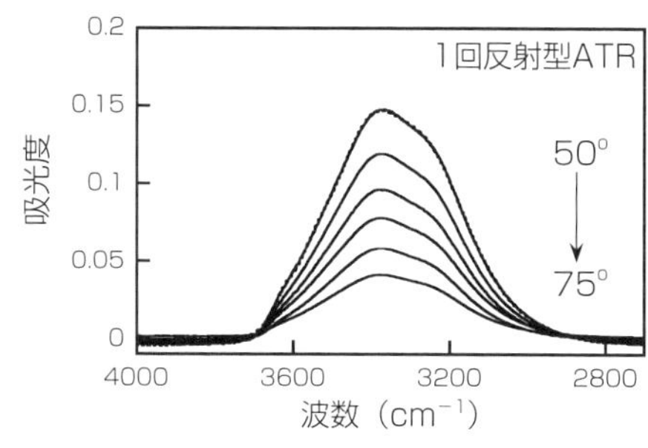

図 2.19　Si プリズムを用いて水を測ったときの ATR スペクトルの入射角依存性[10)]

ATR法の問題点として常に立ちはだかるのは，固体試料とATRプリズムの圧着具合が吸光度に影響してしまう点である．これは，試料とプリズムは密着しているように見えて，実際には空気層がわずかながら挟まっていることに由来する．この問題がATR測定の定量性を大きく損ねてしまう点が非常に惜しまれる．この点については分析化学の未解決な課題として今も残っている．その点，液体試料は密着性の問題がなく，扱いやすい．しかし，"溶液"試料は扱いにくいことがある．とくに，タンパク質水溶液のように，溶質がプリズム表面に吸着する場合は，界面で溶質が濃縮されて見かけの濃度が増してしまうことに加え，配向吸着することでスペクトルの形自体が変わることもあり得る．

図2.19の説明では，入射角を変えるとスペクトルの形は変わらずに，吸光度だけが変化するように見える．しかし，実際に測っているATRスペクトルは，ATRプリズム界面にある"界面水"と"バルク水"の両方をとらえたスペクトルで，しみ込み深さの変化とともに，その2つの成分のスペクトルへの寄与率が変わっている．界面水のスペクトルの形はバルク水のものと異なるので，厳密にいうと，入射角変化とともにスペクトルの形は変わっている．しかし，界面水があまりにわずかしかなく，見た目にはバルク水のスペクトルしか見えないので，このような形の変わらない変化に見えるのである．このような目に見えない細かい変化でも，ケモメトリックス（1.7.3項）を使えば詳しい構造情報を引き出すことができる[10]．実際，入射角可変のATR法はケモメトリックスと相性が良い．

赤外ATR法を使った分析例として，水/エチレングリコール（EG）混合溶液の溶液構造を解析した例を示す[11]．**図2.20**には，EG水溶液の濃度X_{EG}を変化させたときの赤外ATRスペクトルが重ねてプロットしてある．水の赤外線吸収は非常に強く，透過法でこのような測定を行うことはほぼ不可能で，ATR法によって程よく吸収が弱められた結果，このように安定した測定結果が得られている．実際，2成分混合系らしく，等吸収点が数か所見受けられる（丸印）．

しかし，波数位置を正確に読み取ってみると，CH伸縮振動や水の変角振動（$\delta(OH_2)$）バンドには濃度による波数シフトが見られる．水のスペクトルには

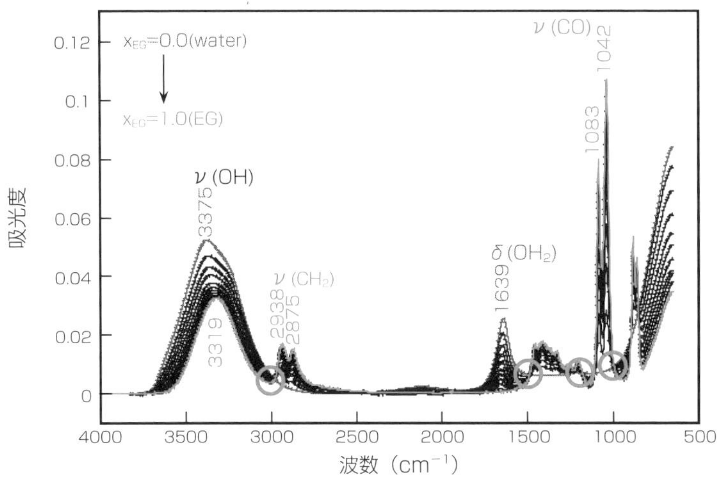

図 2.20 水/エチレングリコール溶液の濃度 X_{EG} に依存した赤外 ATR スペクトル（非偏光）[11)]

CH 伸縮振動バンドがないし，同様に EG 純品のスペクトルには水の変角振動バンドがないので，単純な 2 成分の重なりからは波数シフトは説明できない．すなわち，この波数シフトは第 3 の成分が混在し，等吸収点は見かけのものであることを示唆している．

これ以上の詳細な解析はケモメトリックスを必要とするが，ここでは ATR 法が水溶液試料を高い精度で測定できることを示しておく．とくに，上で述べた試料と ATR プリズムの密着の問題が液体試料の場合は根本的に解決できる点を強調しておきたい．

2.7.4 外部反射法

RA 法とよく似た光学系ながら，基板が非金属の場合を**外部反射**（**external-reflection；ER**）法という（**図 2.21**）．

RA 法のときは p 偏光のみが測定に寄与したのに対し，ER 法では s および p の両偏光が使える．この光学配置は，ATR 法の内部反射に対する外部反射という位置づけで考えることができ，実際，ATR 法における第 1 層と第 3 層

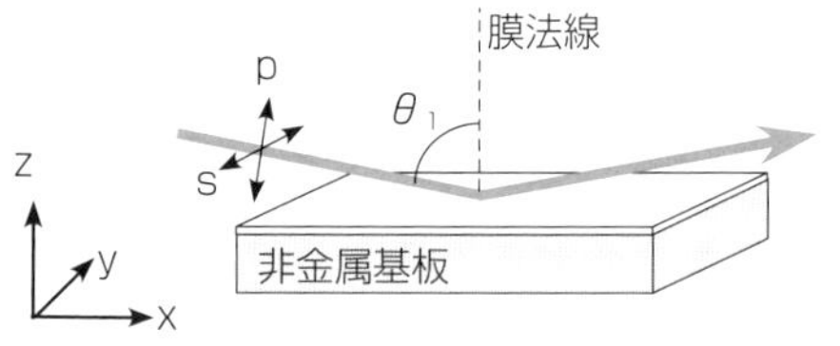

図 2. 21 赤外 FR 法の測定概念図

を入れ替えただけと見なすことができる．すなわち，マックスウェル方程式の解き方にはなんら違いがなく，層を入れ替えるだけである．すなわち，ER 法のスペクトルは，次のように定式化できる．

$$A^{\mathrm{ER,p}} = \frac{8\,\pi d_2}{\ln 10 \cdot \lambda} \frac{(\sin^2\theta_1 - \varepsilon_{\mathrm{r,3}})\,\mathrm{Im}\,(\varepsilon_{\mathrm{r}x,2}) + \varepsilon_{\mathrm{r,3}}^2 \sin^2\theta_1\,\mathrm{Im}\left(-\frac{1}{\varepsilon_{\mathrm{r}z,2}}\right)}{\cos\theta_1\,(\varepsilon_{\mathrm{r,3}}-1)\,(\varepsilon_{\mathrm{r,3}} - \tan^2\theta_1)} \tag{2.18}$$

$$A^{\mathrm{ER,s}} = -\frac{1}{\ln 10 \cdot \lambda} \frac{8\,\pi d_2 n_1 \cos\theta_1}{\varepsilon_{\mathrm{r,3}} - 1}\,\mathrm{Im}\,(\varepsilon_{\mathrm{r}x,2}) \tag{2.19}$$

ATR 法の式と比較すると，本質的に同じものであることがわかるだろう．

ただ，ATR 法では $\varepsilon_{\mathrm{r,1}} > \varepsilon_{\mathrm{r,3}}$（または $n_1 > n_3$）が成り立っていたのに対し，ER 法ではこの関係が逆転し，$\varepsilon_{\mathrm{r,1}} < \varepsilon_{\mathrm{r,3}}$（または $n_1 < n_3$）である．このため，式中の符号があちこちで変わってしまう．

もっとも簡単な s 偏光の場合（式 (2.19)），分母の $\varepsilon_{\mathrm{r,3}} - 1$ が正で，式の冒頭に負の符号があるため，式全体が負の値になる．つまり，s 偏光で測定すると，入射角によらず常に“負の吸光度”が現れる．**図 2. 22** の実測のスペクトル例[12)]を見ると，確かにすべて下向きのピークが出ている．

吸光度スペクトルで“負のピーク”というのは直観的にわかりにくいが，反射吸光度の定義を思い出すと，この波数位置での反射率が基板だけのときよりも上がったことを意味する．決して発光が起こっているわけではない．また，式 (2.19) は TO 関数に支配されているので，膜面に平行な振動成分だけがスペクトルに現れる．これが s 偏光 ER 法の表面選択律である．

一方，p 偏光の式（式 (2.18)）を見ると，TO 関数と LO 関数の線形結合である点は ATR の場合と同じだが，符号が異なる．LO 関数の前の係数は常に

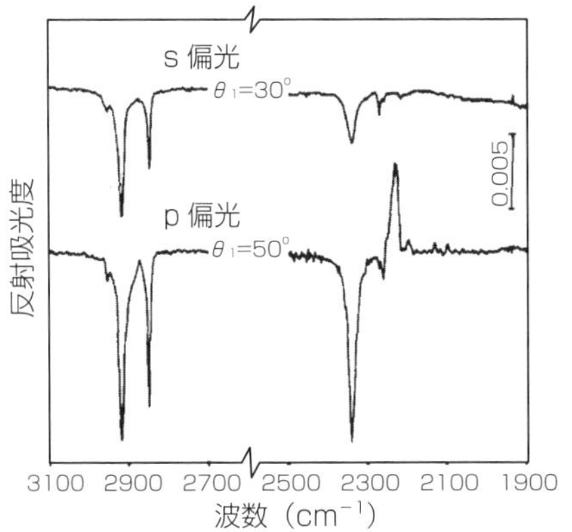

図 2.22 片面研磨の GaAs 基板上に作製したステアリン酸カドミウム LB 膜の赤外 ER スペクトル[12)]

正なのに対し，TO 関数の符号は常に負である．つまり，透過スペクトルと RA スペクトルが符号を変えて重なったものと見ることができる．実際，図 2.22 および**図 2.23** の p 偏光スペクトルを見ると，正と負のピークが混在している．また，分母の中に $\varepsilon_{r,3}-\tan^2\theta_1$ という項があり，これは Brewster 角と呼ばれる角度でゼロになる．すなわち，入射角が Brewster 角を境に，すべてのバンドの符号が反転する（図 2.23）．

GaAs の屈折率 3.28 より“GaAs/空気”界面（薄膜は無視して計算）の Brewster 角は 73° だから，これより低角の入射角の場合，$\varepsilon_{r,3}-\tan^2\theta_1$ の項は正である．よって，図 2.22 および図 2.23 の p 偏光スペクトルで正に現れているピークは LO 関数，負に現れているピークは TO 関数に帰属でき，これは言い換えると，それぞれ膜面に垂直および平行な振動成分に対応する．つまり，ER 法の p 偏光スペクトルからは分子配向が官能基ごとに読み取れる．また，これが p 偏光 ER 分光法の**表面選択律**である．

この表面選択律は，ひとつ問題を示唆する．すなわち，配向角が膜面に対して中途半端に傾いたモードは TO と LO に同程度に現れ，しかも反対の符号で重なるため，ピークそのものが見えなくなる．このように，実際には存在する基準振動バンドでも，高配向でないと見えなくなってしまう場合があることが

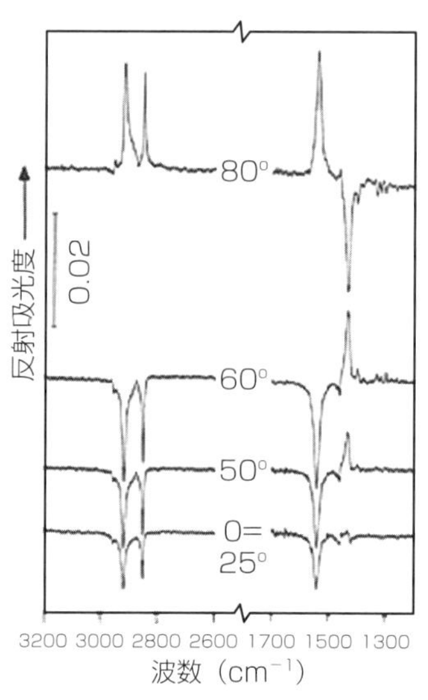

図 2.23　p 偏光赤外 ER スペクトルの入射角依存性．試料は図 2.22 と同じ[12]．

ER 法の弱点である．しかし，こうした不運を除けば，配向の違いによって符号が変わることで見かけのバンドの分解能が上がるメリットは大きく，込み入ったバンドが多いスペクトルの解析に威力を発揮することもある．

ところで，p 偏光の式（2.18）の分母にある $\varepsilon_{r,3}-\tan^2\theta_1$ が Brewster 角付近でゼロに近づくことから，式全体の絶対値は入射角を Brewster 角に近づけることで大きくなる．これだけ見ると，高感度測定ができそうだが実際にはそうはならない．そもそも Brewster 角とは p 偏光の反射率がゼロになる入射角のことなので，この付近では反射率が非常に小さく，暗い測定になってしまうからである．**図 2.24** に，Ge および CaF_2 上での s，p 両偏光の反射率を，入射角に対してプロットしてある．

基板の屈折率の違いが大きな違いを生み，CaF_2 では Brewster 角以下での p 偏光入射では非常に反射率が低く，暗い測定しかできないことがわかる．つまり，SN 比の点で不利な測定である．同様に，水面を基板とした場合も水（$n=1.33$）が低屈折率であることから，入射角は Brewster 角より大きな角度にしておくべきである．実際，水面上での p 偏光測定には 75° 前後が用いられ

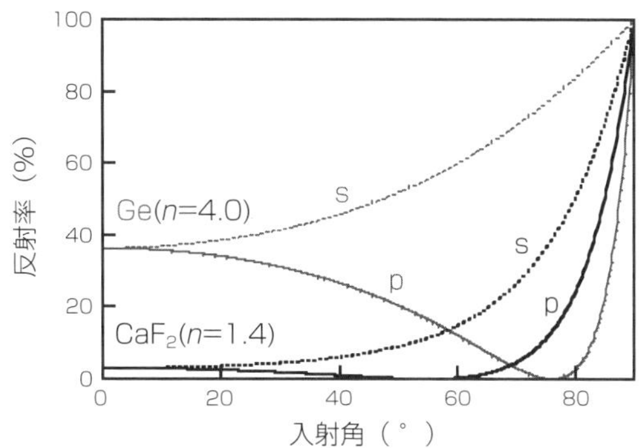

図 2.24 非金属基板上で入射角を変えた時の反射率変化

ることが多い．

それに比べると，GeやSiのような高屈折率基板を使う場合は，p偏光でもBrewster角より小さな入射角も使いやすい．したがって，この場合は，Brewster角をまたいだ2つの入射角で測定し，すべてのバンドが反転することを確かめることができ，それにより間違いのないp偏光測定ができていることを確認できる．もし，反転しないピークが含まれていたら，それはp偏光ER法の表面選択律に従っていないので，そもそも図2.21のような3層系（基板/薄膜/空気）の仮定が成り立っていない可能性が疑われる．

いま触れたように，ER法を厳密に成立させるためには，3層系が成り立っている必要がある．すなわち，基板に入射した赤外線が，基板の裏面で反射せず，表に戻ってこないことが肝要である（**図 2.25**）．これには，半導体ウェハのように片面磨きの板が大変使いやすい．また，水面やプラスチックの板も，板による赤外吸収が大きく，裏面からの戻りがほぼ無視できるため，ER法の

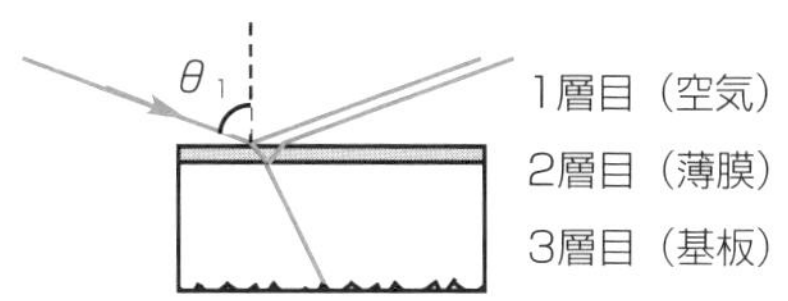

図 2.25 ER法に適した片面磨き基板による3層系のイメージ

基板に使える.

(1) ER 測定の光軸調整

ER 法の光軸調整は, 基本, RA 法と同じ反射装置で RA 法と同じような手順で行う. 重複は避けるが, RA 法と違い, 非金属板の反射率は低いので, 試料を立てたときの光量は非常に暗い. ゲイン調整などに注意を払う必要がある.

(2) ER 測定の実例

ER 法は, 低反射率の測定を相手にするため, 高感度な MCT 検出器が必須である. また, 入射角を変えるたびに光学アラインメントを丁寧に行い, 最善のスループットを確保したうえで実験する必要がある. それでも RA などに比べると暗い測定を余儀なくされるため, 測定の精度を心配する人もいるかもしれない.

図 2.26 に, Si 基板上に作製した octadecyl trimethoxy silane (ODS) の自己組織化膜 (SAM) の p 偏光赤外 ER スペクトルを, 3 回作り直した試料について測った 3 つのスペクトルを重ねてある[13]. 3 つのスペクトルは, いずれの正負のピークも大きさや位置が正確に再現されており, ER 法を含む吸収分光法の定量性の高さが実感できるだろう. また, この場合の波数位置は, 負のピークに関しては TO 関数支配なので, 透過スペクトルとまったく同様に議論できる. すなわち, $\nu_a(CH_2)$ および $\nu_s(CH_2)$ バンドが各々 2917 および 2850 cm^{-1} という波数位置にあることから, この SAM 膜中の ODS 分子は全トランス構造のコンフォメーションを持つと言える. 全トランス構造は 1 分子では実現できず, 必ず分子同士が支え合うイメージがあるため, その場合, 薄膜中で分子が高度に立ち上がった配向をすることが予想される. 実際, $\nu_a(CH_2)$ および $\nu_s(CH_2)$ バンドはいずれも負のピークを与えていて, TO 関数の特徴を示すことからともに膜面に対して平行に配向しており, 予想と矛盾しない.

次に, ポリメタクリル酸メチル樹脂 (PMMA) 表面の糖コーティング構造を解析した例を示す[14]. PMMA でできたマイクロチップ流路で 5 種類の糖鎖混合物を分離した例を**図 2.27** の電気泳動図として示す. PMMA は表面の疎

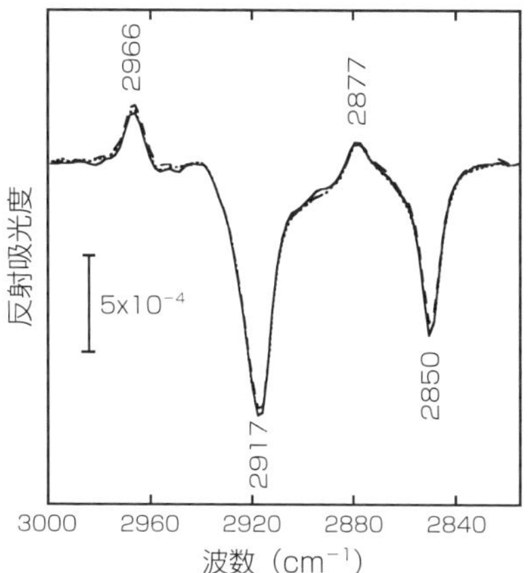

図 2. 26 Si 基板上に作製した ODS の SAM 膜の p 偏光赤外 ER スペクトル．入射角は 60°[13]．

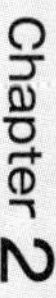

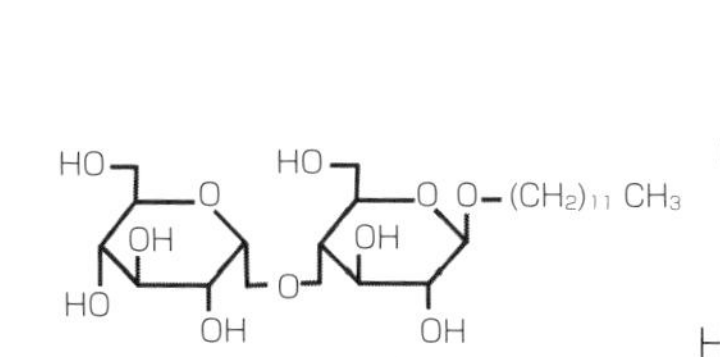

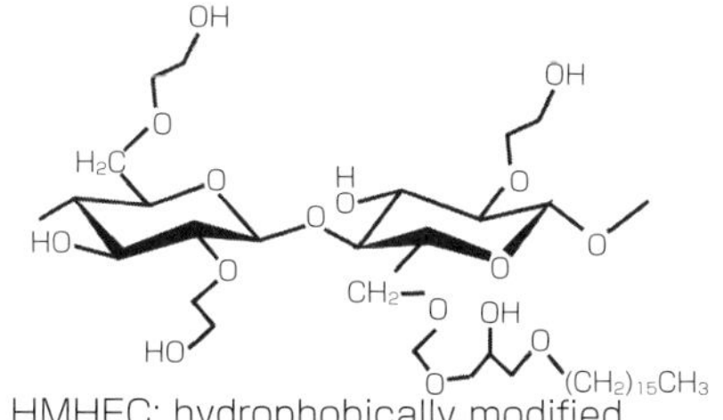

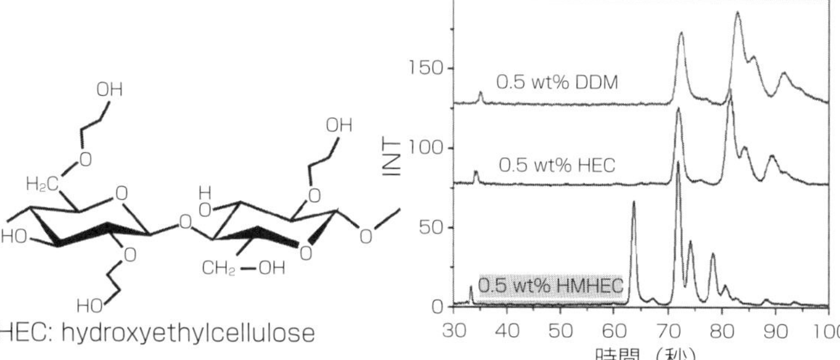

図 2. 27 3 種類の糖コーティング剤で表面を親水化処理した PMMA で作製したマイクロチップで，糖鎖混合物を分離したときの電気泳動図[14]

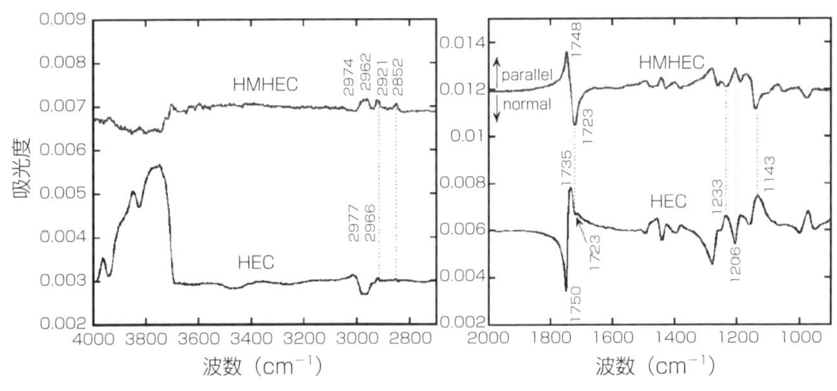

図 2.28 2種類の糖でコーティングしたPMMA基板のp偏光赤外ERスペクトル（入射角80°）[14)]

水性が強く分離目的に向いていないため，図2.27に示す3種類の糖（DDM，HECおよびHMHEC）で表面を親水化処理してある．

電気泳動図を見ると，DDMおよびHECで表面処理したときは似たような分離結果が得られているが，HMHECで表面処理したときは大きく異なる分離結果を示す．この理由を探るため，PMMAの表面コーティングの違いを赤外ER法で解析した．PMMAは赤外線の吸収が強く，板の裏面からの反射光の戻りはほぼ無視でき，3層系が維持されるため，ER法の表面選択律が分子配向の議論に使える．

入射角80°で測定したp偏光赤外ERスペクトル[14)]のうち2つを**図2.28**に示す．p偏光のERスペクトルらしく，正および負のピークが入り混じっていて，分子が配向していることがわかる．また，2つのスペクトルは互いに符号を反転させたような形を示していることから，吸着配向が互いに大きく異なることが示唆される．

わかりやすい低波数領域を見てみよう．試料に含まれるマルトースは，**図2.29**(a)のようにひとつの平面に見立てると話がしやすくなる．すなわち，この平面の長軸，短軸，および垂直方向に遷移モーメントを持つバンドが3つ現れる（図2.29(b)）．

もし，このマルトース平面が図2.29(b)のように膜面に垂直に立っていれ

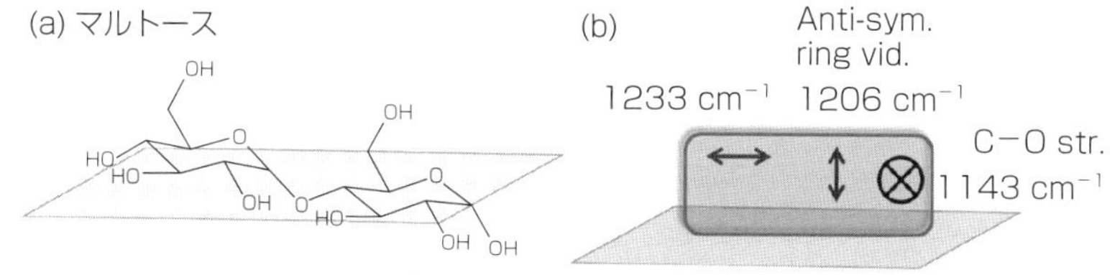

図 2.29 (a) マルトースを平面に見立てた時の，(b) 3 つの主要な振動遷移モーメントの方向．⊗は分子面に垂直な方向を表す．

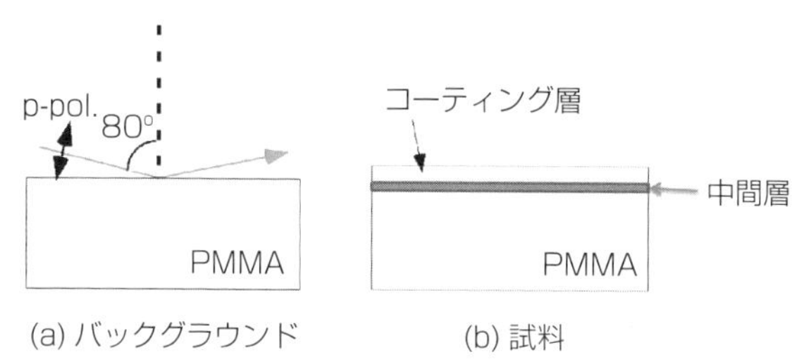

図 2.30 PMMA と相互作用するコーティング層の測定イメージ

ば，1233 および 1143 cm^{-1} のモードは膜面に平行で，1206 cm^{-1} のモードは膜面に垂直である．実際，HEC のときのスペクトルにはこの垂直配向モデルとよく合う符号のピークが得られている．一方，HMHEC のときは符号が逆転しており，マルトース骨格が表面に横たわった配向を持つことがわかる．では，ν(C=O) の領域はどうだろうか．

コーティングした糖が下地の PMMA 層と表面で相互作用して中間層を生じていることに注意が必要である（図 2.30 b）．つまり，PMMA 板のみをバックグラウンド測定に用いると（**図 2.30** a），得られる ER スペクトル（図 2.28）には中間層とコーティング層の両方が現れる．

実際，コーティングした糖にはカルボニル基が含まれておらず，スペクトルに見られる 1730 cm^{-1} 付近のピークは，いずれも下地の "PMMA の表面" 由来のピークである．この領域には 3 つのピークが見え，波数の高い方から順に 1750，1729 および約 1720 cm^{-1} である．1750 cm^{-1} のバンドは水素結合していないバンドと帰属でき，つまり糖と相互作用していない PMMA のカルボニル基と言える．残りの2つのバンドは糖と水素結合しているが，拡大して見ると符号が異なる．入射角80°でのp偏光測定であることを考えると，1729 cm^{-1} が横たわった二糖類（マルトース）との相互作用，1720 cm^{-1} が立ち上がったマルトースとの相互作用と読める．この相互作用の方向は，糖自体の配向とよく合っており，コーティングした糖の配向の大きな違いが，電気泳動図の大きな違いの原因とわかった．

このように，ER法は表面吸着種の分子配向を明瞭に描き出す．定量的な配向角を得るのは難しいが，この例に示すような定性的な議論であれば非常に使いやすい．

2.7.5 MAIRS（メアーズ）法

ここまで述べた薄膜測定法は，測定法ごとに異なる表面選択律を持ち，定性的な範囲で官能基の配向が議論できるが，定量的な配向解析となると高い壁が立ちはだかり，うまくいかない．

もし，Tr法とRA法の縦軸のスケールが共通で，バンドの強度が直接比較できれば，式（2.20）のような平易な式で，容易に分子配向 ϕ が簡単に解析できる．

$$\phi = \tan^{-1}\sqrt{\frac{2A_x}{A_z}} \tag{2.20}$$

これは，屈折率実部の分散や異方性を無視してスカラー定数と近似することで，吸光係数（屈折率虚部）と吸光度が同じ比例係数で比例するとみなせるからである．

"縦軸スケール共通化の夢"を実現した現存する唯一の方法が，多角入射分解分光（multiple-angle incidence resolution spectrometry；MAIRS（メアーズ））法である．MAIRSはスペクトルの"測定原理"に多変量解析を用いた唯一の分光測定法である．

縦軸の共通化には，まず光学系を揃えた方が良い．そこでMAIRS法では，従来のTOおよびLOスペクトルの測定を，両方ともまるで同じ透過光学系で測れるかのような概念図を想定し（**図2.31**），それを通常の分光器で実現させるメカニズムを持つ[15]．

図 2.31(a) は Tr 法と同じ測定概念である．一方，図 2.31(b) は光の進行方向と平行な電場振動を持つ絵が描いてあり，いわば現実にはない縦波光を使った計測概念である．ただ，もしこの光が使えれば，面外モードかつ縦波振動という性質を持つ LO モードが，垂直透過法で測れそうである．

実際には，**図 2.32** のように斜入射で赤外線を通し，その透過光強度 $\boldsymbol{s}_{\mathrm{obs}}$ を分光器で測定する．図が示すように，入射赤外線は基板内部で多重反射し，基板の厚みを反映して mm スケールでずれた位置から出てくる．すなわち，検出器の位置では，ずれた光の円が重なり，それをいちいち予想するのは面倒である．そこで，円の重なりを増やし，多重反射の大部分が検出器に届くよう，図 2.4 の光学絞り（J-stop もしくはアパーチャー）を全開にする（図 2.32）．これは MAIRS 測定の重要なポイントである．

こうして測定する光量（シングルビーム）スペクトル $\boldsymbol{s}_{\mathrm{obs},j}$ を多数の角度測定で集めて多変量解析で分解し，IP（in-plane）と OP（out-of-plane）成分を

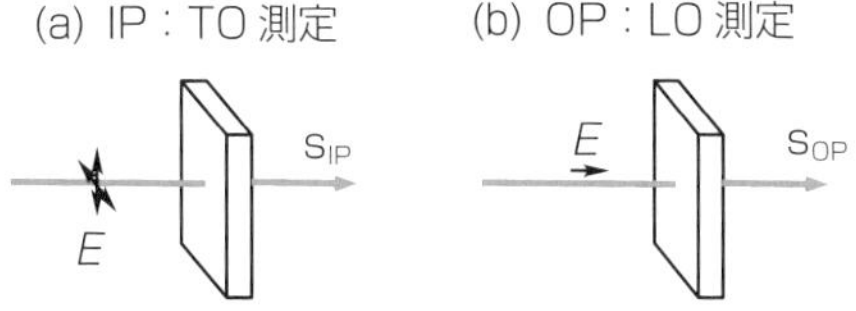

図 2.31 MAIRS の考え方．(a) 面内（in-plane；IP）測定．常光による垂直透過で透過光強度を s_{IP} とする．(b) 面外（out-of-plane；OP）測定．仮想的な縦波光による垂直透過で，測定できたとしたら透過光強度を s_{OP} とする．

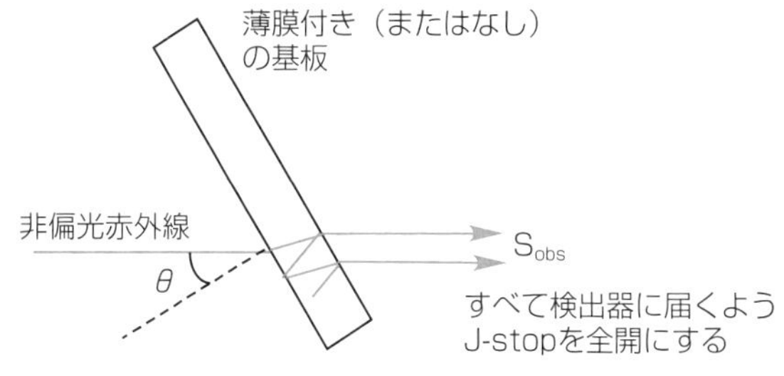

図 2.32 MAIRS の実際の測定光学系

回帰法で求めるのがMAIRSである．回帰法とは“予想する方法”という意味で，この場合は0°および90°入射に相当するIPおよびOPスペクトルを，実際の入射角（30°前後）から外挿で求めることに相当する．吸光度スペクトルではなく，シングルビームスペクトルを分解するところがポイントである．なお，添え字のjはj番目の入射角を表す．

$$\boldsymbol{S} \equiv \begin{pmatrix} \boldsymbol{s}_{\mathrm{obs},1} \\ \boldsymbol{s}_{\mathrm{obs},2} \\ \vdots \end{pmatrix} = \begin{pmatrix} r_{\mathrm{IP},1} & r_{\mathrm{OP},1} \\ r_{\mathrm{IP},2} & r_{\mathrm{OP},2} \\ \vdots & \vdots \end{pmatrix} \begin{pmatrix} \boldsymbol{s}_{\mathrm{IP}} \\ \boldsymbol{s}_{\mathrm{OP}} \end{pmatrix} + \boldsymbol{U} \equiv \boldsymbol{R} \begin{pmatrix} \boldsymbol{s}_{\mathrm{IP}} \\ \boldsymbol{s}_{\mathrm{OP}} \end{pmatrix} + \boldsymbol{U}$$

$\boldsymbol{S}$をモデル化する際の重み因子を集めた$\boldsymbol{R}$の中身は，具体的には次式で表される．ここはMAIRSの心臓部である．

$$\boldsymbol{R} = \begin{pmatrix} 1 + \cos^2\theta_j + \sin^2\theta_j \tan^2\theta_j & \tan^2\theta_j \\ \vdots & \vdots \end{pmatrix} \tag{2.21}$$

すなわち，多角入射で集めたシングルビームスペクトル数本を格納した$\boldsymbol{S}$と，理論的に与えられた$\boldsymbol{R}$を使うと，欲しいシングルビームスペクトルは次式で計算できる．

$$\begin{pmatrix} \boldsymbol{s}_{\mathrm{IP}} \\ \boldsymbol{s}_{\mathrm{OP}} \end{pmatrix} = (\boldsymbol{R}^{\mathrm{T}}\boldsymbol{R})^{-1} \boldsymbol{R}^{\mathrm{T}}\boldsymbol{S}$$

この式は，最小二乗解を与えるもので，まさに外挿値の計算に該当する．こうして得られるIPおよびOPのシングルビームスペクトルを，それぞれ試料（S）とバックグラウンド（B）の両方について得ることで，最終的な吸光度スペクトルを次式で計算する．

$$\boldsymbol{A}_{\mathrm{IP}} = -\log(\boldsymbol{s}_{\mathrm{IP}}^{\mathrm{S}}/\boldsymbol{s}_{\mathrm{IP}}^{\mathrm{B}}) \quad \text{および} \quad \boldsymbol{A}_{\mathrm{OP}} = -\log(\boldsymbol{s}_{\mathrm{OP}}^{\mathrm{S}}/\boldsymbol{s}_{\mathrm{OP}}^{\mathrm{B}})$$

なお，実際の分光器には偏光依存性があり，その影響を取り除かないと定量的に正しいMAIRSスペクトルは得られない．偏光特性に影響されずに測るには，p偏光のみを使うとよい[16]．これを“p偏光MAIRS”といい，**pMAIRS**と略す．

pMAIRSを実施する場合は，式（2.21）に含まれるs偏光因子を取り除いた行列$\boldsymbol{R}_{\mathrm{p}}$を$\boldsymbol{R}$行列の代わりに用いる．その他はMAIRS法と変わらない．

$$R_{\mathrm{p}} = \begin{pmatrix} \cos^2\theta_j + \sin^2\theta_j \tan^2\theta_j & \tan^2\theta_j \\ \vdots & \vdots \end{pmatrix}$$

pMAIRSは，CLS回帰法による外挿を利用してIPおよびOPスペクトルの縦軸共通化を正しく実現するため，最適な入射角を用いる必要がある．これは，基板の屈折率に応じて決まっている（**表2.1**）[17–19]．

この表が示すように，屈折率が2.4のZnSe板より高い屈折率の板を基板に用いる場合は，いずれも9°～44°の範囲で5°間隔，すなわち8つの入射角で測定してpMAIRSスペクトルを得る．一方，低屈折率のCaF_2を基板に用いるときは，8°～38°の範囲で6°間隔，すなわち6つの入射角を設定して測定する．これらの実験条件は，市販のpMAIRSの測定装置では，基板を選択するだけで自動的に設定される．

pMAIRS法の応用例として，有機半導体の候補化合物であるzinc tetraphenylporphyrin（ZnTPP，**図2.33**）の薄膜の構造解析例[20]を示す．

ZnTPPの半導体としての機能を担うのはポルフィリン部位だが，ポルフィリンのみでは有機溶媒に溶けず，塗布法による成膜ができない．そこで，フェ

表2.1 pMAIRS測定の最適な入射角条件とMAIRSパラメータH[17–19]

基板	n_{sub}	入射角範囲（°）	入射角間隔（°）	H
Ge	4.0	9～44	5	0.15
Si	3.4	9～44	5	0.14
ZnSe	2.4	9～44	5	0.13
CaF_2	1.4	8～38	6	0.21

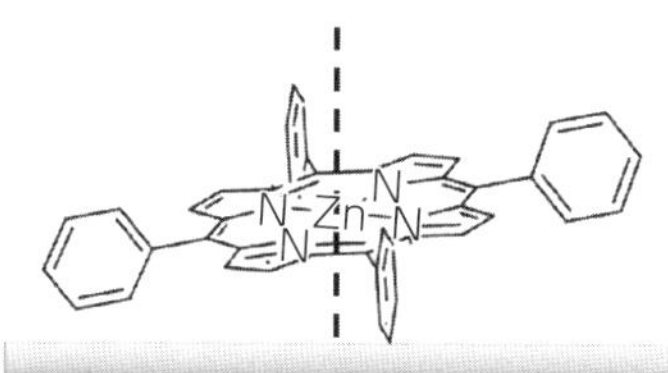

図2.33 ZnTPP分子と薄膜中でface-on配向したときのイメージ[20]

ニル基を4つ付けて，溶媒への溶解性を付与したのがZnTPPである．実際，揮発性の高いクロロホルム（Chl）や揮発に時間のかかるトリクロロベンゼン（TCB）などに容易に溶ける．

Chlに溶解させたZnTPPをスピンコート法で薄膜にしたところ，**図2.34**(a)に示すpMAIRSスペクトルが得られた．IPとOPスペクトルが形だけでなく，大きさも一致している．この一致は，見る方向を変えても同じスペクトルが得られることを意味し，すなわち膜中でZnTPPが“無配向”であることを明確に示す．これはまた，pMAIRSスペクトルの縦軸がIPとOPとで正しく共通化されていることを端的に示す．

溶媒をTCBに変え，滴下法で製膜してゆっくりと溶媒を揮発させたのち，熱アニールした結果が図2.34(b)である．今度は，IPとOPスペクトルが大きく異なる形を示し，分子が高度に配向していることを示す．803 cm^{-1}にあるC–H面外変角振動（γ(C–H)）バンドに着目すると，OPスペクトルだけに強く表れている．このバンドは，ポルフィリン環のC–H基が同位相で一斉に面外変角振動するモードに対応するバンドで，ポルフィリン環に垂直な遷移モーメントを持つ．このバンドがOPのみに現れていることは，すなわちポルフィリン環自体は膜面に平行に（face-on）配向していることを意味する．このように，γ(C–H）はpMAIRSスペクトルと非常に相性の良いバンドで，芳

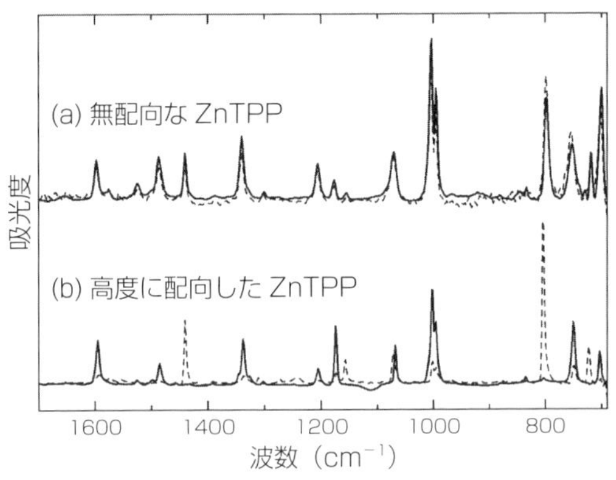

図2.34 Si基板上に作製したZnTPP薄膜のpMAIRSスペクトル．IPおよびOPスペクトルが各々実線と破線に対応する[20]．

香環の分子配向解析に高い実用性を持つ．また強い吸光度を示すことから感度のよさでも使い勝手の良いバンドである．このバンドによる解析を行うには，800～700 cm^{-1}付近という，赤外分光法にとって低波数の領域が十分に高いSN比で測定できるFT-IRを用いることが望ましい．

なお，無配向のときにγ(C–H) が798 cm^{-1}に現れ，配向試料中で803 cm^{-1}にシフトしているのは，分子パッキングの違いを反映している．すなわち，結晶多形もこのバンドから議論できる．実際，X線回折法で得られる回折パターンとpMAIRSスペクトルのγ(C–H) 領域の相関をつかんでおけば，pMAIRS法だけで結晶多形をかなりの程度まで絞り込むことができる．また，結晶子が小さいとX線回折法ではピークがブロードになったり弱くて読めなくなったりするが，pMAIRS法では議論できる．こういう意味でもX線回折法とpMAIRSは相補的な手法である．

pMAIRSがIPとOPスペクトルを同一の縦軸で表示できることを考えると，式 (2.20) のアイディアをそのまま使うことができる．すなわち，pMAIRS法によるもっとも簡単な解析法では

$$\phi = \tan^{-1}\sqrt{\frac{2\,A_{\mathrm{IP}}}{A_{\mathrm{OP}}}} \tag{2.22}$$

により分子配向角ϕを容易に求めることができる．803 cm^{-1}のバンドを用いたポルフィリン環の分子配向は78° と求まる．この角度は，膜法線からの角度であり，膜面からの角度はその補角である12° である．

ただし，より詳細な研究により，pMAIRSスペクトルの縦軸には薄膜の屈折率nも影響することがわかっている[18,19]．それを考慮すると，配向角は次式で計算すべきである．

$$\phi = \tan^{-1}\sqrt{\frac{2\,A_{\mathrm{IP}}}{n^4 H \cdot A_{\mathrm{OP}}}} \tag{2.23}$$

式中のHは表2.1に掲載してあるもので，基板の屈折率n_{sub}に依存する．直上の例で，簡易的な式 (2.22) が使えたのは，Si基板 (H=0.14) と標準的な有機薄膜 ($n \approx 1.6$) の組み合わせにより，たまたま$n^4H = 0.92 \approx 1$とn^4Hによる補正の必要がほとんどなかったからである．つまり，一般性のある配向解析の式は式 (2.23) である．

さて，図 2.34 のスペクトルに戻る．一方，750 cm^{-1} にあるバンドはフェニル基の C–H 面外変角振動（γ(C–H)）バンドで，IP に強く表れている．このことから，フェニル基は膜面に垂直に近い配向をもつことが示唆される．図 2.34(b) のこのバンドの強度比を簡易な式（2.22）に入れて配向角を求めると 11° と求まる．ポルフィリン環の配向角の和は 89° であり，ポルフィリン環とフェニル環がほぼ直交していることがわかる．この定量的な解析結果から，図 2.33 の分子イメージを描くことができる．

なお，pMAIRS 法は Tr，RA，ATR および ER 法と同様に薄膜近似（$d/\lambda \ll 1$）を利用しており，この近似の範囲で高い定量性が確保される．赤外線の波長が 10 μm 程度であることを考えると，膜厚の上限は数百 nm であることが予想される．実際，エリプソメトリーによる解析と比較した研究によると，膜厚が 500 nm 程度までなら，pMAIRS 法とエリプソメトリーは定量的によく一致する結果を与えることがわかっている[21)]．すなわち，pMAIRS 法による分子配向解析の定量精度は，厚さ 500 nm 程度が上限である．それを超えた厚い膜を測ると，スペクトルの形はほぼ正確に求まるものの，配向角の定量精度が低下する．

一方，式（2.22）および式（2.23）を用いる分子配向解析は，バンド強度比（$A_{\mathrm{IP}}/A_{\mathrm{OP}}$）を取る過程で IP と OP スペクトルに載った膜表面の粗さの影響がキャンセルされる．このため，表面の粗さに強い分子配向解析ができるという pMAIRS 法特有の利点が生まれる．すなわち，エリプソメトリーを含むすべての分光解析法は，フレネル反射の理論に基づく解析をするため，膜が平滑であることが重要であるのに対し，唯一 pMAIRS 法だけが表面粗さに強い．これにより，スピンコート膜，ディップコート膜，ドロップキャスト膜などの幅広い薄膜試料を解析対象にすることができ，実試料の解析に強力なポイントとして知られている．

pMAIRS 法の分子配向の定量精度は，方向余弦の式を使うと簡単にチェックできる．もっとも簡単な例はペンタセンの蒸着膜の pMAIRS スペクトルである[19)]．ペンタセンには，分子の短軸（x），長軸（y），それに分子に垂直な軸（z）に沿った遷移モーメントがあり（**図 2.35** 中の分子図参照），それらが互いに直交する．このように，互いに直交する 3 つの軸があるとき，それぞれの

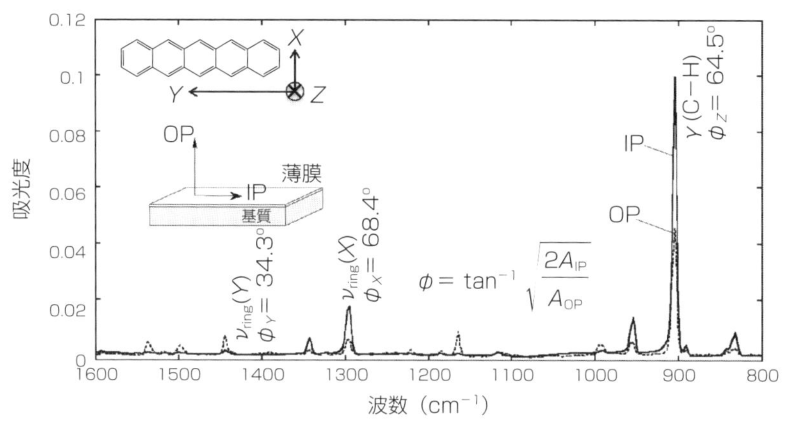

図 2.35 ペンタセン蒸着膜の pMAIRS スペクトル．IP および OP スペクトルが各々実線と破線に対応する．

配向角（α，β および γ）は次式を満たすことが知られている．

$$\cos^2\alpha + \cos^2\beta + \cos^2\gamma = 1 \tag{2.24}$$

これを方向余弦の式という．これは 2 次元平面におけるピタゴラスの定理を 3 次元版に拡張したものある．

また，これら 3 つのモードは他のバンドと重ならないため，解析も非常にしやすい．n^4H 補正を含む式（2.23）を用いて解析したそれぞれの配向角が図 2.35 に示してある．これら 3 つの値を，式（2.24）に代入すると，和がちょうど 1.00 になる．このことから，式（2.23）を用いた pMAIRS 法の解析の定量的精度が，有効数字 3 桁に達していると言える．もちろん，スペクトルのノイズや表面が過度に荒れているときは精度が落ちるが，それでもスピンコート膜やドロップキャスト膜に十分適用できる精度が得られる．

この方向余弦の和が 1 から大きく外れる場合は，表面の粗さが大きすぎることが原因であることが多い．表面の荒れは，原子間力顕微鏡（AFM）によって定量的に評価することができる．具体的には，試料表面の AFM 画像を測定し，その表面粗さを“自乗平均面粗さ（RMS）”という量で評価するとよい．経験的に，RMS が 100 nm を上回るとき，方向余弦の和が 1 から 10% 以上ずれることが多い．このような場合は，AFMによるRMS値とともにpMAIRSによる配向角を示し，議論することが望ましい．いずれにせよ，他の分光法ではこれほどきつい荒れを伴う薄膜の解析はできないので，pMAIRSによる解析は極めてユニークな強力さを持つと言える．

なお，無配向であることが確実な薄膜のpMAIRSスペクトルを見て，IPとOPスペクトルが一致しない場合や（**図2.36**(a)），配向試料でもOPがIPよりもすべてのバンドについて大きい場合など，明らかに異常な結果が現れる場合は，薄膜の屈折率が有機物の標準的な値（1.6付近）から外れていることが原因とみてよい[18]．

すなわち，n^4Hが1から大きく外れることが要因である（表2.2）．pMAIRSを正しく使いこなすためには，簡易的な式（2.22）に頼らず，できる限り式(2.23）を使うべきである．

表2.2に示すように，フラーレンのように湾曲した共役系を持つ化合物は非

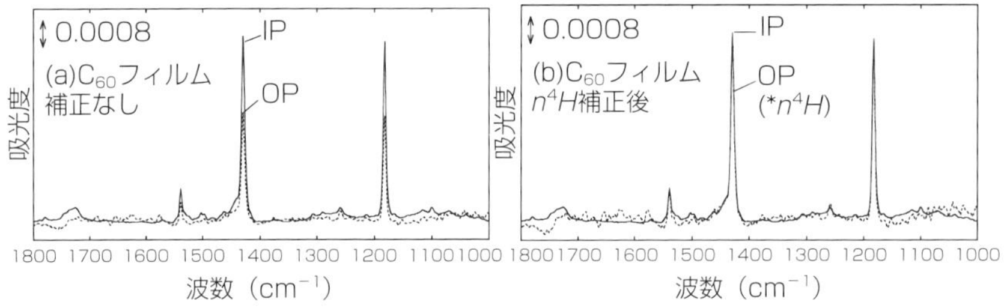

図2.36 フラーレン（C_{60}）薄膜のpMAIRSスペクトル（a）補正なし，（b）n^4H補正後[18]

表2.2 化合物の屈折率とn^4H補正係数[18]．P3HTはポリ（3-ヘキシルチオフェン）の略

化合物	n	n^4H_{Ge}	$n^4H_{CaF_2}$
C_{60}	1.83	1.68	2.52
P3HT	1.60	0.98	1.47
ポリエチレン	1.52	0.82	1.23
PTFE	1.35	0.50	0.75

常に高い屈折率を示し，n^4H も 1.68 と 1 から大きく外れる．実際，n^4H 補正を行うと，図 2.36(b) に示すように IP と OP スペクトルは非常によく一致し(図 2.36(b))，無配向試料であることが定量的にも裏付けられる．

この補正は，低屈折率を示す有機フッ素化合物でも同様に必要である．また，支持基板がフッ化カルシウムのように低屈折率の場合も n^4H が 1 から大きく外れるため，すべての試料について n^4H 補正が必要である．

なお，MAIRS パラメータ H は，表 2.1 に示すように基板ごとにすでに値が決められている．また，最新の pMAIRS 測定ソフトウエアでは，基板を選択するとこれらの値が自動的に考慮される仕組みになっているので，ユーザーが心配することはほとんどない．

2.7.6 正反射法

試料がゴム板のような場合を考えてみよう．すなわち，分厚くて赤外光の吸収が非常に強く，光を透過させて測ることが不可能なケースである．ATR 法が有力な解決法であることは間違いないが，ATR 法では ATR プリズムを試料表面に押し付けて測る必要があり，試料表面を空気に接した状態で測りたい場合には別の方法を考えねばならない．

このような場合に有効な方法が“正反射（specular reflection）法”である．測定光学系を**図 2.37** に示す．これは一見，外部反射法にも似た方法だが，これは基板上の薄膜ではなく，空気/試料の 2 層界面での“固体試料の表面”を測定する方法であり，次の 3 つの点が正反射法ならではの特徴である．

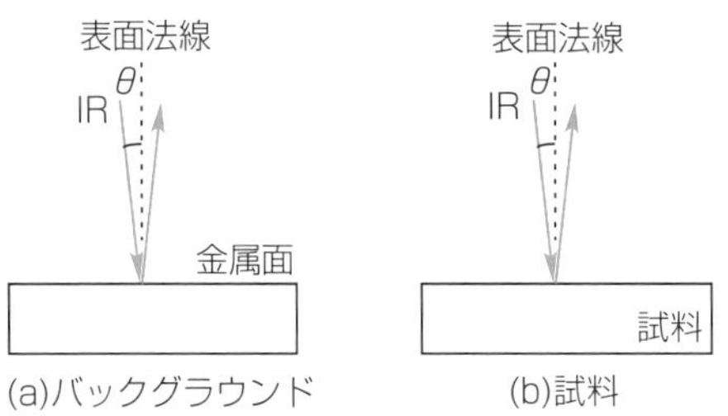

図 2.37 正反射法の測定概念図

A）入射角 θ が 15° 以下と非常に小さく，非偏光で測定する．

B）バックグラウンド測定（図 2.37(a)）には金属基板を用いる．

C）スペクトルの縦軸を“反射率”として測り，あとで Kramers–Kronig (KK) の関係式（または Hilbert 変換）により吸光度スペクトルに似た形のスペクトルに変換する．

A）は，KK 変換を行うために必要な測定条件である．また，固体試料にはバックグラウンドという概念がないため，反射率がほぼ 100% の金属を置くことで，試料がない時の装置関数を測るための工夫が B）である．

正反射法を実施するには，図 2.15 のような反射光学系が利用できる．ただし，ふつうの反射装置では 15° 以下の低入射角が実現できないので，正反射測定専用の光学部品を別途購入する必要がある．

正反射法の測定は，いくつかのコツが必要なので，測定手順に沿って説明する．

1）あらかじめ，次に述べる 2）と 3）の測定条件の違いを補正関数 T_{filter} として記録しておく必要がある．これには，試料室を空にした状態で 2）のフィルターおよび検出器の条件でシングルビームスペクトルとして $I_{\#2}$ を測定する．次に，3）のフィルターおよび検出器の条件で同様に $I_{\#3}$ を測定し，次式で T_{filter} を計算し記録する．

$$T_{\text{filter}} \equiv \frac{I_{\#3}}{I_{\#2}}$$

2）試料室に反射装置を取り付け，試料位置に金板などの金属が直接空気に触れた鏡面を置いてシングルビーム測定を行い，これをバックグラウンドスペクトル（$I_{\text{BG}}^{\#2}$）とする．このとき，金属面での反射率がほぼ 100 % と非常に高く検出器が飽和するので，減光フィルターを入れて光量を適当に調整する．また，検出器は TGS 型（2.4 節）でも構わない．

3）試料位置に板状の試料を置き，これもシングルビームスペクトルのまま $I_{\text{sample}}^{\#3}$ として記録する．試料測定では反射率が非常に低いため，減光フィルターを入れ替えたり，検出器を MCT 型（2.4 節）に変えたりするなど工夫が必要である．

4）求めたい反射率スペクトル R は，

$$R=\frac{I_{\mathrm{sample}}}{I_{\mathrm{BG}}}=\frac{I_{\mathrm{sample}}^{\#3}}{I_{\mathrm{BG}}^{\#2}}T_{\mathrm{filter}}$$

である．ただし，I_{sample} および I_{BG} は，2つとも同じ光学系で測れたと仮定したときのシングルビームスペクトルである．実例として，低密度ポリエチレン（LDPE）を測った時の生スペクトル（$I_{\mathrm{sample}}^{\#3}/I_{\mathrm{BG}}^{\#2}$）を**図 2.38**(a) に示す．また，$T_{\mathrm{filter}}$ を乗じた補正後の結果を図 2.38(b) に示す．

なお，反射装置によっては，試料上で2回反射させるタイプもあるので，その場合は，

$$R=\left[\frac{I_{\mathrm{sample}}^{\#3}}{I_{\mathrm{BG}}^{\#2}}T_{\mathrm{filter}}\right]^{\frac{1}{2}}$$

とする．この2回反射型の装置を使って測定した場合の最終的な補正結果を図 2.38(c) に示す．

このように，正反射測定の反射率測定は，若干面倒な手続きを必要とする．測定結果は，通常の吸収スペクトルとは異なり，微分形をした見慣れない形をしている．これは，正反射法では複素屈折率の虚部ではなく実部を反映したスペクトルが測定されるからである．

ここで，実測した反射率 R は，試料に“垂直入射”した光の振幅反射係数 $\hat{r}$ という複素量の絶対値に相当する．垂直入射とみなせる小さな入射角（15°

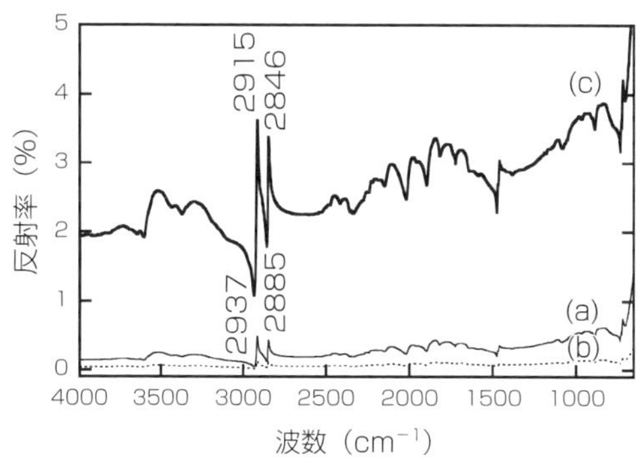

図 2.38　LDPE の正反射測定．(a) 生の反射率スペクトル，(b) T_{filter} で補正後，(c) 反射回数補正して得られた R スペクトル．

以下）では，次のように複素屈折率（$n=n'+\mathrm{i}n''$）と結び付けられることがわかっている．

$$\hat{r}=\frac{n'-\mathrm{i}n''-1}{n'+\mathrm{i}n''+1}=|\hat{r}|\,\mathrm{e}^{\mathrm{i}\delta}=\sqrt{R}\mathrm{e}^{\mathrm{i}\delta}$$

この式を変形すると，次式が得られる[1]．

$$n'=\frac{1-R}{1-2\sqrt{R}\cos\delta+R} \quad \text{および} \quad n''=\frac{2\sqrt{R}\sin\delta}{1-2\sqrt{R}\cos\delta+R} \tag{2.26}$$

つまり，R と δ がわかっていれば，複素屈折率がすべて求まる．先ほど測定した R 以外に必要な位相 δ は，R と **Kramers–Kronig の関係式**[1]で結ばれていて，R から計算で求めることができる．最近の分光器のソフトウエアにはこの計算機能が付属しており，R から容易に δ を求めることができる．

図 2.39 には，こうして得られた R と δ から，式（2.26）を通じて求めた複素屈折率の実部と虚部がプロットしてある．Kramers–Kronig の関係式は，本来，無限大の波数領域での積分を必要とするため，得られるスペクトルの縦軸の定量性は期待できない．たとえば，図 2.39 の実部の屈折率は n'=1.4 付近と，実際の値（n'≈1.55）よりも明らかに小さい．しかし，スペクトルの形と横軸に関する情報は正確に求まる．実際，虚部のスペクトルは吸収スペクトルの“形”を見事に示している．すなわち波数位置は正確で，νCH_2 のバンド位置から LDPE が全トランス構造のコンフォメーションを持つことがわかる．

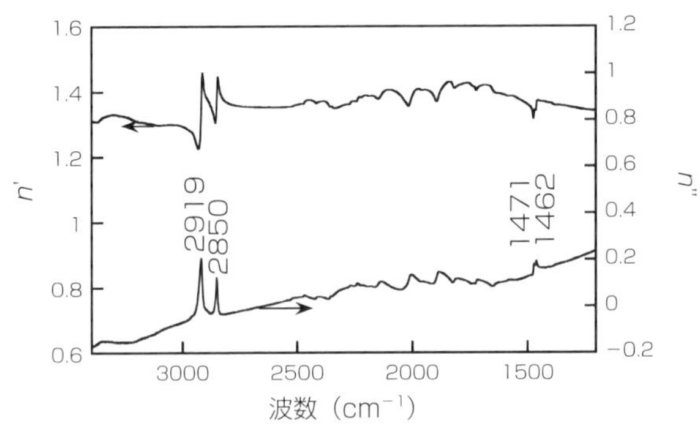

図 2.39 最終的に得られた LDPE の複素屈折率．虚部が求めたいスペクトルの形を表す．

また，これを裏付けるように δCH_2 のバンドが二重に分裂し，その位置も直方晶系のときの位置に対応する．このことから，LDPE が低密度とはいえ，高い結晶性を持つことが言える．

2.7.7 顕微赤外分光法

ここまで述べた薄膜測定法は，薄膜を大きな視野で平均的に測定して議論する手法である．一方，光の波長に迫る微小領域での化学種を測定すると，膜面内での化学種の分布情報から有用な知見が得られる．とくに，異物分析や法医学的応用では使用頻度が高い分析手法である．

これには，光学顕微鏡と赤外分光器を組み合わせた，顕微赤外分光法が確立された有用な方法である．ここでは，ATR 法を用いた顕微赤外分光について説明する．顕微赤外の光学部品には，赤外光に適した収差の少ないレンズがないため，ミラーを組み合わせたカセグレン（**図 2. 40** の破線部分）という光学部品を用いる．

FT-IR から顕微鏡を通ってきた赤外光は，カセグレン内部の半球状のミラーで反射され，凹面ミラーで再度反射したのち，試料に接した ATR プリズムに向かう．プリズム内部で全反射した赤外光は，対称的な光学系を通じて再び顕微鏡に戻り，分光器に向かう．カセグレンの焦点位置に ATR プリズムを置くと空間分解が向上することが知られており，特に高屈折率にするほど良

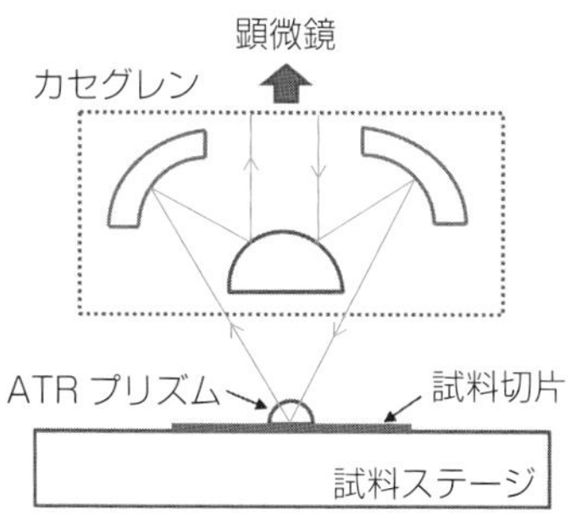

図 2. 40　ATR 法を用いた赤外顕微鏡とカセグレンの概念図

い．このため，n=4.0 の Ge プリズムを用いる．カセグレン式は，レンズに比べて空間分解が悪いが，このように Ge プリズムを使うことで挽回させることができる．結果として，空間分解は赤外光の波長（2.5～25 μm）と同程度であり，概ね 10 μm と考えてよい．光学系の詳細については，成書[3]に譲る．

微小部位からのスペクトルを測定し，試料切片表面での焦点位置を動かしながら測定を繰り返して位置（x，y）の関数として記録することを**マッピング測定**という．測定後に，たとえばアルキル鎖に特有の CH_2 対称伸縮振動バンドの波数位置で吸光度を読み取り，位置（x，y）に吸光度を表示すると，アルキル鎖の試料表面上での分布状況が一目でわかる．これを**イメージング**という．吸光度の定量的表示には色を使い，少ない時は青，多い時は赤といった直観的にわかりやすい表示が用いられる．なお，位置のスキャンの仕方にはいくつかの方式がある[3]．ATR 方式のように試料への圧着の再現が吸光度に影響する光学系を用いる場合は，カセグレンからプリズムに向かう赤外光をスキャンし，プリズム自体は固定したままマッピング測定を行う方式が好まれる．

実際に，ATR 法を用いて食品ラップ用フィルムの断面の構造を顕微赤外測定で解析した例を示す．ラップフィルムは柔らかくて自立しないので，ここではエポキシ樹脂に一度フィルムを包埋し，樹脂が固化したのちに切削して薄膜状の断面試料を切り出す（**図 2.41** 左）．このフィルムは，ポリエチルビニルアセテート（EVA），ポリエチレン（PE），ポリプロピレン（PP）からなる 5 層構造でできていることはわかっているが，層の相溶構造などを調べるのが目

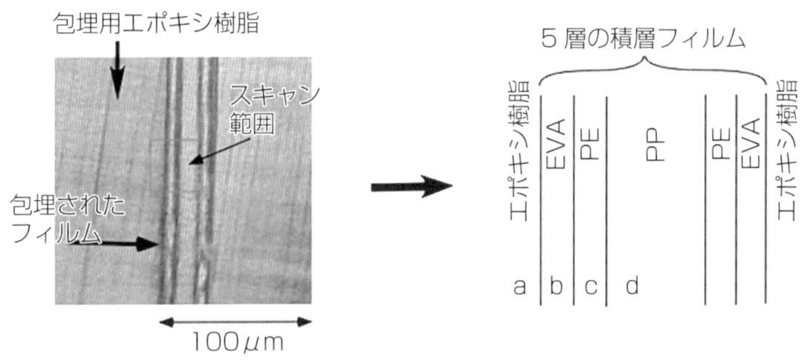

図 2.41　（左）ラップ用フィルムの断面写真と（右）スキャン範囲の模式図[22]

的である．

図 2.41 左内にある四角の枠がスキャン範囲で，32×32 のピクセル数で分割してスペクトルを 1024 本測定した．その中から，図 2.41 右に示す a〜d の 4 か所で測定したスペクトルを抜き出したのが**図 2.42** である．概ね，エポキシ，EVA，PE，PP の 4 つの成分に対応したスペクトルである．このように，マッピング測定の第 1 の利点は，場所ごとの化学種の分布をピンポイントに見ることができる点である．

第 2 の利点として，マッピング測定によって得たピクセルごとのスペクトルの特定の波長で切り出して描画して，イメージングができることを示す．先の図 2.42(c) および (d) に見られるように，メチル基の非対称伸縮振動（およそ 2950 cm^{-1}）が PP には見えているが，PE にはほとんど見えていないことから，このバンドは PE と PP の識別イメージングに使える．実際に，このバンドで再マッピングしたイメージング図を**図 2.43**(b) に示す．PP 層に当たるところだけが一様に強くなっており，狙い通りの構造ができていることがわかる．

一方，EVA，PE，PP のいずれにも共通して含まれるメチレン基に関連した CH_2 逆対称伸縮振動バンド（2916 cm^{-1}）を使っても意外なことに層がきれいに分かれて見えている（図 2.43(a)）．これは，それぞれの層での分子密度が異なることを反映している．

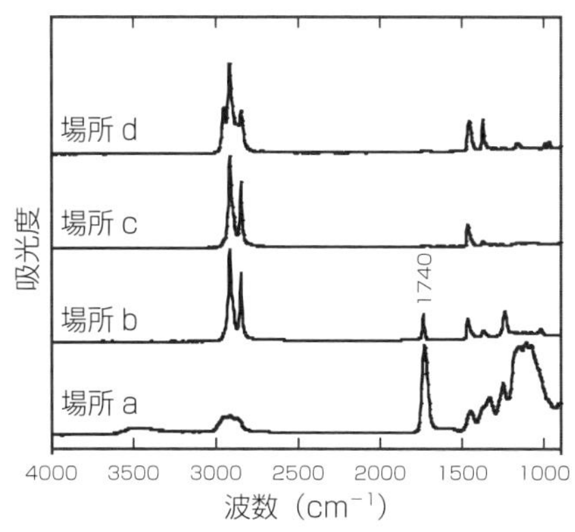

図 2.42 場所 a〜d で測定した顕微赤外スペクトル[22)]

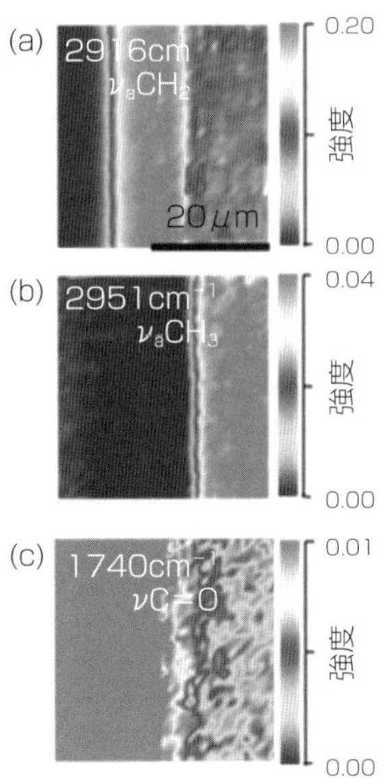

図 2.43 特定の波長で描画したイメージング図[22)]

口絵 1 参照

また，エステル中のカルボニル基（1740 cm^{-1}）を使えば，エポキシと EVA の層が選択的に強く観測できる（図 2.43(c)）．このような化学イメージングは，顕微分光法のもっとも基本的で強力な分析方法である．

ところで，マッピングデータを得るには，あらかじめ決めた視野内のピクセル数に対応したスペクトル測定を行う．たとえば，32×32 程度のざっくりした画素で測定を計画しても，1024 本のスペクトル測定をする必要がある．このように，2 次元的にイメージングを行うためには，多量のスペクトル測定を必要とするので，1 点あたりのスペクトル測定に時間をかけてイメージングデータをきれいにしようとすると，非常に長時間に渡る測定が必要になる．仮に，1 ピクセルの測定時間を 1 秒と短く設定しても，32×32 の範囲を測定するには 1024 秒（17 分強）かかる．これは，測定中の試料の状態変化を引き起こす要因ともなるため，できれば 1 点あたりの測定時間をもっと短くしたいが，そうするとノイズが増えてイメージングの質が大幅に低下する．

このジレンマを克服するには，ケモメトリックスが極めて強力である．大まかには，1.7.3 項に紹介した PCA 法[1,3]を用いるとよい．PCA 法は，多数のスペクトルを束ねた行列を，直交ベクトルで展開する方法で，1024 本のスペクトルがあれば，1024 項に展開する．試料に含まれる化学種が仮に 4 種類とすると，展開項のうち最初の 4 項だけが基本因子と呼ばれる必要な項で，残りの 1020 項はノイズ因子として捨てて再構築すれば，イメージングの結果を大幅に高品質化できる．つまり，スペクトル数が多いほど効率的にノイズを除去す

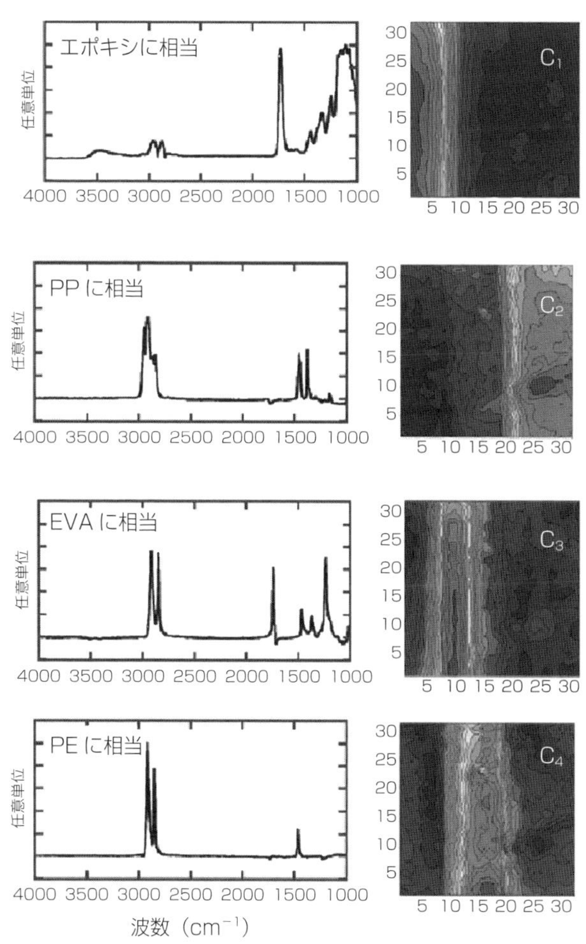

図 2.44 ALS で分離した 4 つのスペクトルとそのイメージング結果[22)]

口絵 2 参照

ることができ，マッピング測定を用いたイメージングにはうってつけの手法である．

また，こうしてノイズを減らしたスペクトルのさらなる解析に多変量曲線分解（Multiraviate Curve Resolution；MCR）の手法を使うと，構成する化学種のスペクトルに分解することができる．これを**スペクトル分解**という．すなわち，実際に化合物を分離しなくても，スペクトル情報の分離ができる．MCR の中でももっとも簡易で，かつ強力な解析能力を持つ Alternative Least Squares（ALS）回帰法を用いた結果を**図 2.44** 左に示す．測定した 1024 本のスペクトルをまとめてひとつの行列として格納し，ALS で解析して得られた 4 つのスペクトルである．これらは，事前情報なしに解析したとは思えないほど見事にエポキシ，PP，EVA および PE のスペクトルを描き出している．ALS はスペクトルと同時に量的変動も描き出すとができ，それが図 2.44 右にイメージング図として描かれている．すなわち，狙った 1 つの官能基由来のピークによって官能基分布をイメージングするのではなく，スペクトル分解の結果に基づく“化合物の分布”が得られるところに大きなメリットがある．これにより，より明快なコントラストでイメージング結果を得ることができる．

このイメージング図は本来 3 次元のデータを，色を使った等高線表示したものである．そこで，このデータを試料面に垂直な方向に切り出すことで，化学

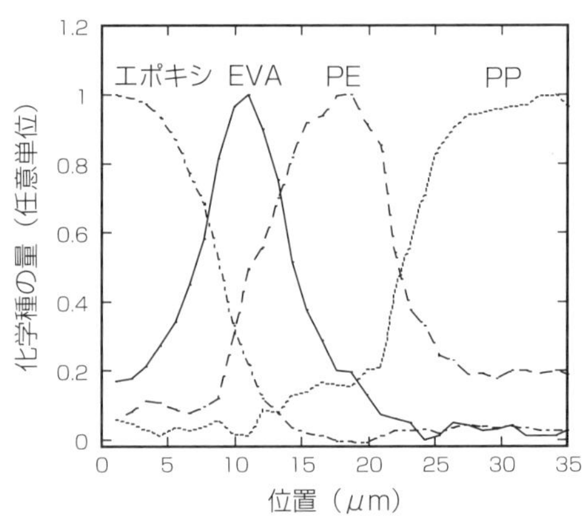

図 2.45 図 2.44 の結果から切り出した各化学種の相対的濃度分布[22)]

種の断面分布をグラフとして描き出すこともできる．図 2.44 右の等高線から切り出して得られた曲線を重ねたものを**図 2.45** に示す．位置ごとの各化合物の分布が明快にわかる．また，この結果から，層の境界で化学種が相溶する程度を議論することもできる．

2.7.8
拡散反射法

粉末試料の測定は，KBr 錠剤法がもっとも基本的で重要だが，粉末をつぶさずに，吸湿の程度などもその場で測りたいときは拡散反射法（**図 2.46**）が用いられる．

拡散反射法は試料カップに入れた粉末試料に赤外光を当て，その反射光を測定する．正反射以外に拡散反射光が広がって反射するため，大きな立体角の反射・散乱光を集められるパラボラミラーを備えた，拡散反射専用の装置を使った方が高感度に測定できる．一般に，バルク試料を粉砕したものを“粒子”と考え，次のように測定する．ただし，いずれも非偏光赤外線を用いる．

A）拡散反射測定ユニットを用いたバックグラウンド測定には，赤外吸収がなく，かつ粒子による散乱を与える臭化カリウム（KBr）粉末を用いる．

B）同じ光学系で，KBr 粉末で試料粉末を希釈した混合粉末を置き，試料測定を行う．粉末試料の粒子サイズは小さいほど，KBr 透過法による吸収スペクトルと似た結果を与える．

拡散反射光には，散乱光と反射光が複雑に入り混じっており，直線偏光に対

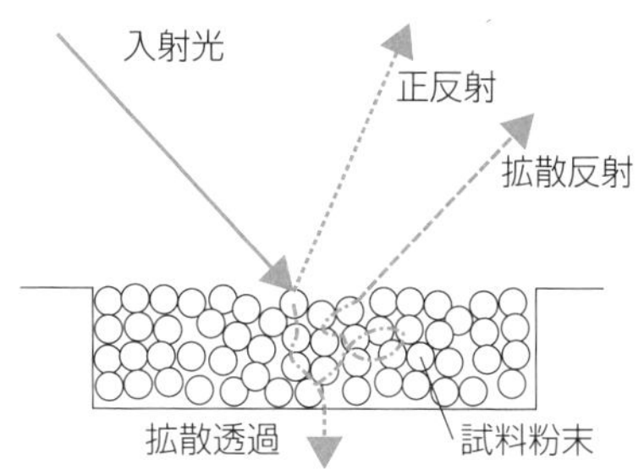

図 2.46 拡散反射法の概略図

しては**図 2.47** のように考えることができる[23]．

入射した赤外光は，粉末試料は試料の最表面で正反射（SR）する部分と，試料の内側で拡散反射（DR）されて出てくる部分の両方が検出器に向かう．SR は，試料最表面でほぼ 1 回だけ反射して検出器に向かう成分で，入射光を直線偏光にした場合，偏光面はほぼ維持される．

一方，DR 成分は，粉末の各粒子の表面で繰り返し反射される，いわゆる拡散反射光が偶然検出器に向かう光で，スループットの低い（暗い）測定である．DR は SR と異なり，複雑で乱雑な反射過程を経ているため，入射光を直線偏光にしても偏光が崩れる（偏光解消）という特徴を持つ．このため，図 2.47 に示すように，入射側を s 偏光とし，反射側にも偏光子をクロスニコルの条件で入れると（すなわち p 偏光に設定），偏光が崩れない SR 成分はカットされ，偏光解消された DR 成分の半分が通り抜けて検出器に向かう．つまり，このような工夫により DR 成分のみを取り出すことができる．このようにクロスニコルの偏光子を用いて DR だけを透過させる工夫を“DR フィルター”ということにする．

図 2.48 に，表面の荒れたアルミナを，DR フィルターを用いて測定した拡散反射シングルビームスペクトルを示す[23]．入射角が小さい時に反射率の高い波数領域（4000～1600 cm^{-1}）と，1200 cm^{-1} 付近のように反射率がほぼゼロに近い領域が共存している．1200 cm^{-1} 付近は無機物が残留線バンド（ポラリトンにより反射率が高い）を与える領域と考えられており[24]，反射率の高さから SR 成分が多くなり，その結果 DR 成分が激減していると考えられる．

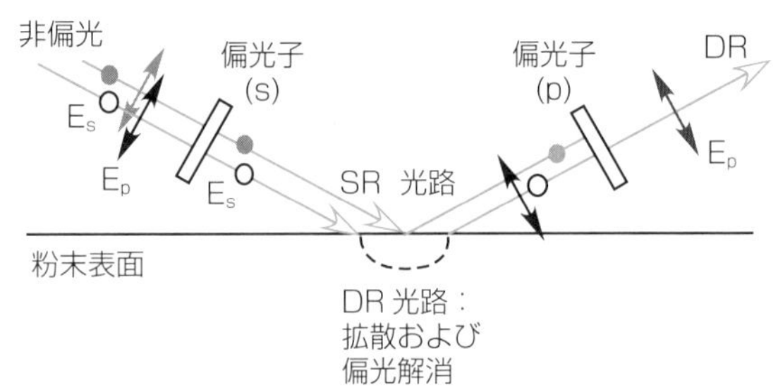

図 2.47 非偏光赤外線による拡散反射法の光学原理を示す概念図[23]

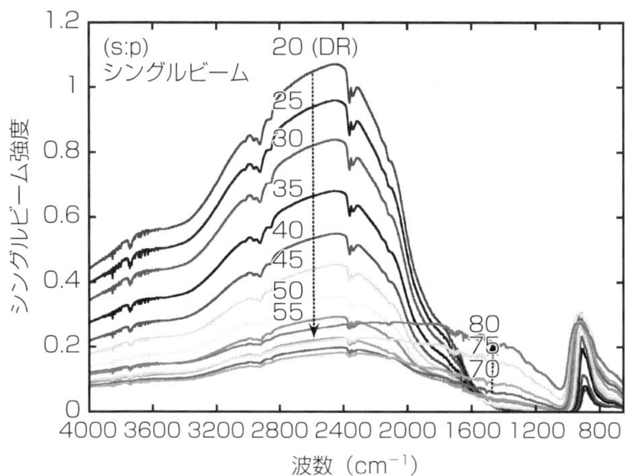

図 2.48　DR フィルターを使って測定した荒れたアルミナ表面での拡散反射シングルビームスペクトル．図中の数値は入射角[21]．

Chapter 2

このように，DR 成分が異なる吸収・拡散・光路長が複雑に混ざった状態になっているため，波数領域によって大きく異なる反射率を示す．とくに困るのが，同じ化合物でも粒形分布が変わるだけでスペクトル形状が変わることである[24]．すなわち，単純な反射率測定によって得られたスペクトルは，拡散のない試料で測った場合に比べて形が異なる．こうした不便を取り除く目的で考えられた方法に，Kubelka–Munk（K–M）の理論[4]がある．

K–M 理論によると，試料を光の放射エネルギーが 1 次元的に伝播するという極端に簡単なモデルで考えたとき，試料の吸収係数 α，および散乱係数 S を用いて，絶対拡散反射率 R_∞ は次のような関係にある．

$$\frac{\alpha}{S}=\frac{(1-R_\infty)^2}{2R_\infty}\equiv R_\infty f(R_\infty) \tag{2.27}$$

R_∞ は，試料の厚さが拡散反射長より十分に長い場合の理想的な拡散反射率である．実際には，理想的な厚さが実現できていない場合を考えて，R_∞ を実測の r_∞ で置き換えて式（2.27）を r_∞ にそのまま用いる．すなわち，r_∞ を測って式（2.27）に入れて α/S を求める．もし，S を一定とみなせば，この $f(r_\infty)$ は α の形を示すことになる．

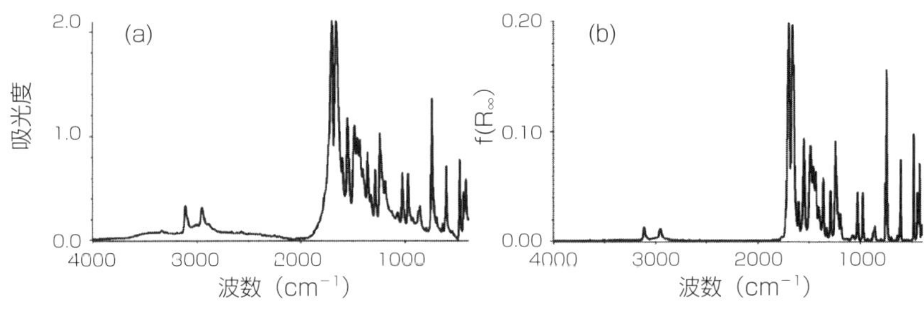

図 2.49 KBr マトリックスに 1% のカフェインを混ぜたものを（a）ディスク に成型して透過法で測ったスペクトルと，（b）粉末のまま測定して K–M 変換したスペクトル[24]

このように，K–M 理論は，非常に乱雑な系を大まかな近似で描いたもので，過度に精緻な絶対値を期待できるものではない．実際，中赤外領域では $f(r_\infty)$ を縦軸にしたスペクトルがよく用いられるが，近赤外領域では経験的に $-\log r_\infty$ を縦軸にするケースも多いなど，あまり統一されているとは言えない．どちらでプロットしても極端に大きく変わることはなく，実用上はどちらかに統一して使えば問題ない．

図 2.49 に，カフェインを KBr マトリックスに分散させて測ったスペクトルを示す．ディスク成型して透過法で測った場合（図 2.49(a)）と，粉末のまま拡散反射法で測って K–M 関数を縦軸にしたもの（図 2.49(b)）を比べると，両者はよく似た形をしているが，K–M 関数を使う方がより粒界による散乱（ベースラインの膨らみ）が抑えられており，K–M 関数の威力が実感できる．

なお，粉末そのものではなく，粉末表面のコーティング層の量や吸着構造を解析したい場合は，コーティングしていない粉末をバックグラウンドとして測定する[23]．このような“粉末の表面解析”の場合，偏光を用いた解析が非常に有効で，すでに述べた外部反射法や透過法の考え方を組み合わせた表面選択律で議論できる．具体的なやり方は，文献[23]に述べてある通りである．

2.8 異なる測定法で得た赤外スペクトルの比較

ここまで述べた異なる測定法を，スペクトルの支配関数によって**表 2.3** にまとめる．非偏光測定の場合は，s および p 偏光が混じったものが得られる．

この比較により明らかなように，測定法によってスペクトルの形を支配する関数が異なっている．これが原因で，異なる手法により得たスペクトルを直接比較することは，縦軸・横軸ともにできないと考えるべきである[25]．

たとえば，分子配向した薄膜のスペクトルを，無配向試料のスペクトルと比較して構造を議論したい場合を考える．このとき，薄膜試料の測定に Tr 法を，無配向の固体試料を KBr 錠剤法で測定したとしよう．すると，表 2.3 より TO 関数（$\mathrm{Im}(\varepsilon_r)=2n'n''$；式（2.12））と n'' を比較することになる．すな

表 2.3　各種測定法の比較

	測定法	スペクトルを支配する関数	
		s 偏光	p 偏光
バルク	KBr 錠剤法	屈折率虚部（n''）	
	液膜法	屈折率虚部（n''）	
薄膜・界面	垂直透過（Tr）法	TO 関数	
	反射吸収（RA）法	TO 関数（ほぼ無視）	LO 関数（高感度）
	ATR 法	TO 関数	TO 関数＋LO 関数
	外部反射（ER）法	TO 関数	±TO 関数∓LO 関数
	pMAIRS 法	TO 関数が IP に，LO 関数が OP に現れる（縦軸は共通で吸光度の単位を持つ）	
	正反射法	屈折率実部が反射率スペクトルに現れる	
粉末	拡散反射法	K-M 関数が KBr 法に近い形を与える	

わち，n' が直接比較の邪魔になる．もし，比較するバンドの吸光係数が小さければ n' をほぼ定数とみなせるので，この比較は問題なく行える．たとえば炭化水素がその典型である．一方，アミド基やC–F結合のように大きな双極子による強い吸収を示す場合は，n' の分散の影響は無視できない[1,26]．

このような場合，分光器に付属しているKramers–Kronig変換を利用して，実測したTrスペクトル（n''）から n' を計算して屈折率の全貌（$n=n'+\mathrm{i}n''$）を求める．すると，式（2.11）により比誘電率 ε_r が計算できるから，ただちにTO関数が求まる．こうして，KBrスペクトルをTrスペクトルと比較可能なスペクトルに変換すれば，安心してスペクトル比較が行える．

似たような例として，有機フッ素化合物の薄膜を議論した例を示す．ミリスチン酸（MA）のアルキル鎖の末端を含む一部を，パーフルオロアルキル（R_f）鎖に置き換えた化合物を**図 2.50** に示す．R_f 鎖の長さを CF_2 基の数 n で表し，化合物名をMA–$R_f n$ とする．

SDA理論により，$n=7$ 以上の R_f 鎖を含む化合物は，自発的に2次元集合して高度にパッキングすることが予想されている．これを確かめるため，MA–$R_f n$ を水面上に展開してLangmuir膜とし，これを金板上にLB法で写し取ってLB膜としたものを，赤外RA法で測定したスペクトルが**図 2.51**（a）である．

分子パッキングが高いと，分子間の双極子－双極子相互作用により分子集合

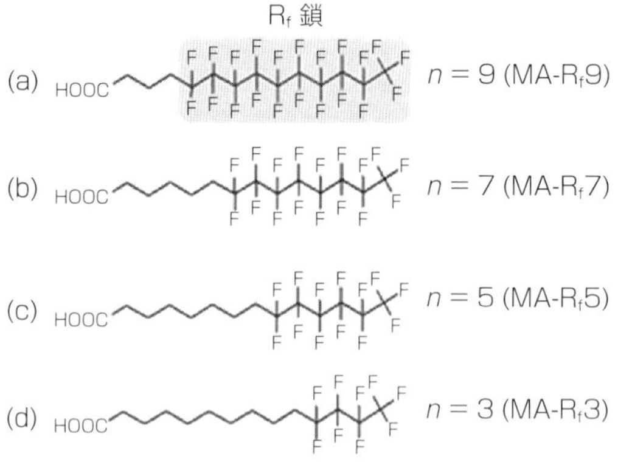

図 2.50 化合物MA–R$_f n$ の分子構造．網掛けした部分が R_f 部位．

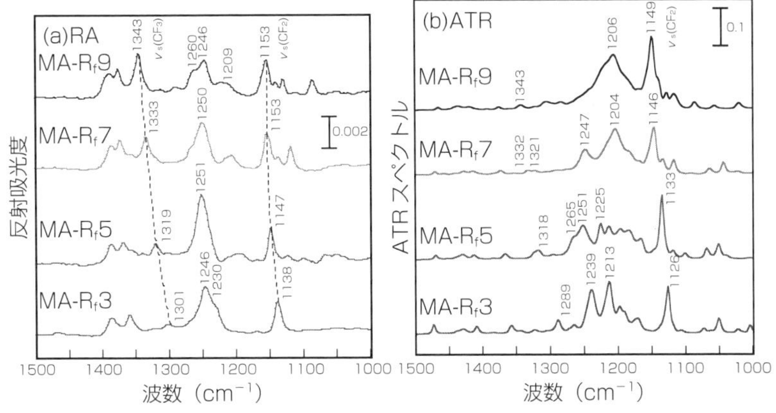

図 2.51 MA–Rfn の（a）単分子層 LB 膜（金板上）の RA スペクトルと，（b）対応する固体試料の ATR スペクトル[26,27)]

系の振動としての性格が加わって，“CF_2 対称伸縮振動（$\nu_s(CF_2)$）” という名前のバンドが低波数シフトする．つまり，このバンドの位置を見れば，SDA 理論の予想する分子パッキングが判定できる．

比較のため，同じ化合物の固体状態を ATR 法で測定したスペクトルが図 2.51(b) である．すなわち，この状態では分子が密に詰まっているとみなせるので，これを基準に LB 膜の分子パッキングを論じたい．MA–R_f9 について $\nu_s(CF_2)$ バンドの波数位置を見比べると，LB 膜では 1153 cm^{-1}，固体状態では 1149 cm^{-1} にあり，単純に見ると LB 膜中でのパッキングは固体中に比べて劣っている印象を与える．しかし，これは p 偏光による RA 法と，非偏光による ATR 法という異なる方法によるスペクトルの比較であり，誤った議論になりかねないためやってはいけない比較なのである．

表 2.3 を見ると，p 偏光 RA 法は LO 関数に支配され，非偏光の ATR 測定は TO と LO 関数の重ね合わせになっている．つまり直接比較ができない系である．幸い，分光器に付属する Kramers–Kronig 解析により α スペクトル（式（2.8））が得られ，これにより複素屈折率の全貌が得られる．したがって，先の例と同様に比誘電率 ε_r が計算できるから，ただちに LO 関数が求まる．こうして，無配向試料の ATR スペクトルから RA スペクトルのバンド位

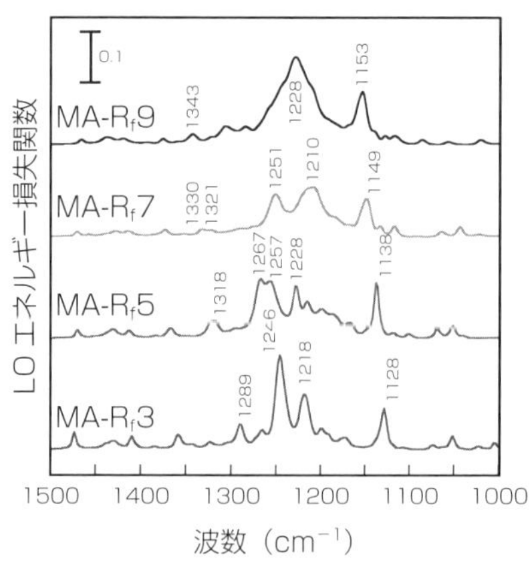

図 2.52 ATR スペクトル（図 2.51(b)）を LO 関数に変換した結果[26,27]

置が予測できるのである．

実際に，図 2.51(b) の ATR スペクトルをこの方法で LO 関数スペクトルに変換した結果を**図 2.52** に示す[26,27]．

変換後のスペクトルでは，固体試料の $\nu_s(CF_2)$ バンドの波数位置が 1153 cm^{-1} となっていて，LB 膜の RA スペクトル（図 2.51(a)）での位置とぴたりと一致する．すなわち，自発的に分子集合した LB 膜での分子パッキングが，固体中のパッキングに匹敵することを定量的に示せたのである．

このように，スペクトルを支配する関数を把握し，適切な変換を行えば，横軸に関しての定量的なスペクトルの比較が可能になることは，スペクトルを定量的に議論して情報をフルに引き出すための必要な知識である．

引用文献

1）T. Hasegawa: *Quantitative Infrared Spectroscopy for Understanding of a Condensed Matter*, Springer, Tokyo（2017）.

2）D. A. マッカーリ，J. D. サイモン著：「物理化学–分子論的アプローチ〈上〉」，東京化学同人（1999）.

3）古川行夫編著：「赤外分光法」，講談社（2018）.

4）P. R. Griffiths, J. A. de Haseth: *Fourier Transform Infrared Spectrometry 2nd ed.*,

Wiley, Hoboken, N. J. (2007).
5) T. Hasegawa, K. Taniguchi, Y. Sato: *Vib. Spectrosc.*, **51**, 76–79 (2009).
6) J. Umemura, S. Takeda, T. Hasegawa, T. Kamata, T. Takenaka: *Spectrochim. Acta.*, **50** A, 1563–1571 (1994).
7) T. Hasegawa, S. Amino, S. Kitamura, L. Matsumoto, S. Katada, J. Nishijo: *Langmuir*, **19**, 105–109 (2003).
8) T. Hasegawa, J. Nishijo, M. Watanabe, K. Funayama, T. Imae: *Langmuir*, **16**, 7325–7330 (2000).
9) 錦田晃一，岩本令吉著：「赤外法による材料分析–基礎と応用」，講談社 (1986).
10) T. Hasegawa, J. Nishijo, T. Imae, Q. Huo, R. M. Leblanc: *J. Phys. Chem. B*, **105**, 12056–12060 (2001).
11) T. Shimoaka, T. Hasegawa: *J. Mol. Liq.*, **223**, 621–627 (2016).
12) T. Hasegawa, S. Takeda, A. Kawaguchi, J. Umemura: *Langmuir*, **11**, 1236–1243 (1995).
13) S. Norimoto, S. Morimine, T. Shimoaka, T. Hasegawa: *Anal. Sci.*, **29**, 979–984 (2013).
14) F. Dang, T. Hasegawa, V. Biju, M. Ishikawa, N. Kaji, T. Yasui, Y. Baba: *Langmuir*, **25**, 9296–9301 (2009).
15) T. Hasegawa: *J. Phys. Chem. B*, **106**, 4112–4115 (2002).
16) T. Hasegawa: *Anal. Chem.*, **79**, 4385–4389 (2007).
17) N. Shioya, S. Norimoto, N. Izumi, M. Hada, T. Shimoaka, T. Hasegawa: *Appl. Spectrosc.*, **71**, 901–910 (2016).
18) N. Shioya, S. Norimoto, T. Shimoaka, R. Murdey, T. Hasegawa: *Appl. Spectrosc.*, **71**, 1242–1248 (2016).
19) T. Hasegawa, N. Shioya: *Bull. Chem. Soc. Jpn.*, in press (2020), DOI: 10.1246/bcsj.20200139
20) M. Hada, N. Shioya, T. Shimoaka, K. Eda, M. Hada, T. Hasegawa: *Chem. Eur. J.*, **22**, 16539–16546 (2016).
21) R. Ishige, K. Tanaka, S. Ando: *Macromol. Chem. Phys.*, **219**, 1700370 (2018).
22) T. Sakabe, S. Yamazaki, T. Hasegawa: *J. Phys. Chem. B*, **114**, 6878–6885 (2010).
23) S. Morimine, S. Norimoto, T. Shimoaka, T. Hasegawa: *Anal. Chem.*, **86**, 4202–4208 (2014).
24) P. W. Yang, H. H. Mantsch: *Appl. Opt.*, **26**, 326–330 (1987).
25) J. E. Bertie, K. H. Michaelian: *J. Chem. Phys.*, **109**, 6764–6771 (1998).
26) T. Hasegawa: *Chem. Rec.*, **17**, 903–917 (2017).
27) T. Hasegawa, T. Shimoaka, N. Shioya, K. Morita, M. Sonoyama, T. Takagi, T. Kanamori: *ChemPlusChem*, **79**, 1421–1425 (2014).

Chapter 3

ラマン分光法

ラマン分光法は赤外分光法とともに分子振動について詳細な情報を与える．赤外分光法が光の吸収に基づく分光法であるのに対し，ラマン分光法は光の散乱に基づく分光法である．したがって両者の原理はまったく異なる．しかしながら，与える情報はしばしば相補的である．赤外とラマンの両方を学んで初めて振動分光法を学んだといえる．

3.1 ラマン分光法の歴史

ラマン分光法は**ラマン効果**に基づく分光法である[1-5]．ラマン効果は1928年にインドの**ラマン**（**図3.1**）によって発見された．ラマンは入射光とは異なった波長をもつ散乱光を発見したのである．ラマンらはこの大発見を直ちに電報を使って*Nature*誌に投稿した．投稿後わずか1か月後には論文が出版され，その2年後（1930年）にはラマンはノーベル賞に輝いた．いかにラマン効果の発見が衝撃的であったかを物語る．

ラマンとクリシュナンが実際に行った実験についてここで少し説明しよう（図3.1）．彼らが用いたのは，太陽光と2枚のレンズ，2枚のフィルター，60

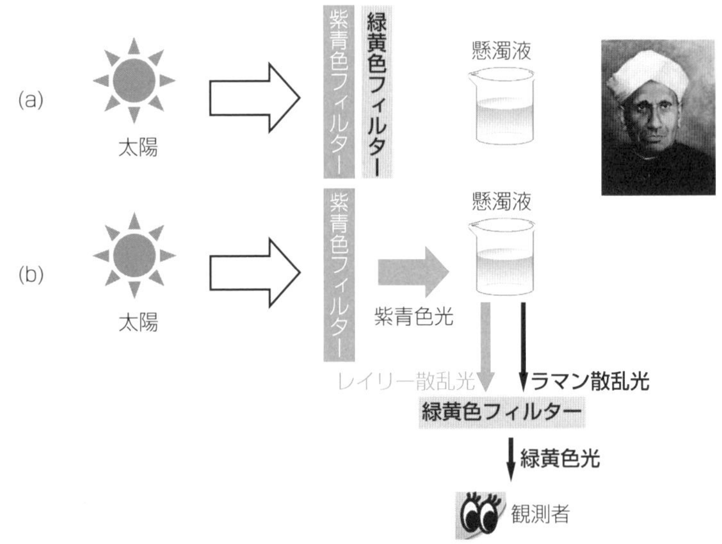

図3.1 C.V. ラマンとラマンの実験

種の液体と気体，それから人間の眼だけである．最初にフィルターを一切使わずに太陽光を強く試料に絞り込んだ．すると太陽光をはっきりと目視することができた．次に太陽光と試料の間に紫青色フィルター（紫青色を透過し，緑黄色を吸収する）と緑黄色フィルター（緑黄色を透過し，紫青色を吸収する）を重ねて置くと，太陽光が2枚のフィルターによって吸収され太陽光の光路が見えなくなった（図3.1(a)）．今度は緑黄色フィルターを試料と観測者の間に移すと，緑黄色が観測された（図3.1(b)）．紫青色フィルターを透過するのは，紫青の色だけなので，緑黄色が目視できたということは，入射光より長波長の光が散乱されたことを意味する．ラマンによるラマン効果発見物語については文献1に詳しい．

ラマン効果の輝かしい発見にもかかわらず，その後のラマン分光学の進歩は遅々としたものであった．それには2つの大きな理由があった．1つはラマン散乱光の強度が極めて弱い（ラマン散乱光の強度は励起光の強度のおおよそ1/10^{10}以下である）ためにその実験が容易でなかったということである．もう1つの理由は試料が発する強い蛍光によるラマン散乱光の妨害である．1930年代から1960年代半ばにかけては，光源としては水銀灯，分光器としてはガラスプリズム分光器，検出器としては写真乾板が用いられた．ラマン分光法が日の目を見るようになったのは，1970年代に入ってからのことである．60年代後半から，しだいに新しい3種の神器，レーザー，走査型モノクロメーター，光電子増倍管が，古い3種の神器，水銀灯，ガラスプリズム分光器，写真乾板にとって代わった．とくにレーザーの登場は衝撃的であった．1970年代をラマン分光法の“ルネッサンス”と呼ぶが，レーザーはまさにその中心にあった．1970年代に共鳴ラマン分光法，時間分解ラマン分光法，表面増強ラマン分光法（Surface-enhanced Raman Scattering；SERS），非線形ラマン分光法，顕微ラマン分光法など新しいラマン分光法が次々と誕生した[1-5]．今日のラマン分光学の隆盛の基礎がこのころに作られたのである．

ガマン分光法？

ラマン分光法はかつては“ガマン”分光法ともいわれ，ラマンスペクトルの測定にはかなりの経験と忍耐が必要であった．その状況がレーザーとラマン分光装置の進歩により，この10数年の間に大きく変わってきた．かつては象牙の塔の分光法であったラマン分光法が今では，基礎科学への応用だけでなく，工業計測，オンラインモニタリング，犯罪捜査，医薬品分析，美術品の分析など様々な現場計測に使われている．

3.2 ラマン散乱の原理

ここでラマン散乱の原理について少し解説しよう．物質に光を照射すると，物質はその光を吸収したり散乱したりするであろう．散乱とは何だろう？　散乱とはフォトンと物質（分子）との衝突と考えるとわかりやすい．今，簡単のために，吸収のない場合を考える．ここでは四塩化炭素に Ar イオンレーザーの 488.0 nm 線を照射する場合を考えよう．1 W の 488.0 nm 線から 1 秒間に放出されるフォトンの数は約 2.5×10^{18} 個程度である．このうち分子と衝突するのはわずか 10^{13}～10^{15} 個程度である（**図 3.2**）．すなわち分子に衝突するフォトンの割合は，わずか 0.01% 程度である．大方のフォトンは分子と衝突せず素通りしていく（図 3.2(a)）．

さて分子とフォトンとの衝突には 2 種類ある．ほとんどの場合，衝突の間に

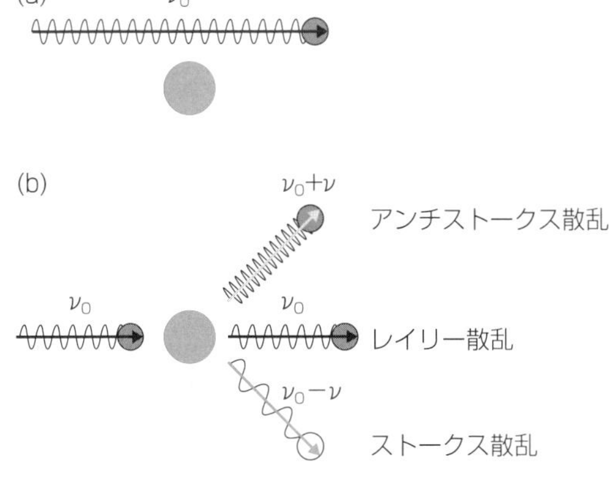

図 3.2　(a) 光の透過，(b) レイリー散乱，ストークスラマン散乱，アンチストークスラマン散乱

分子とフォトンはエネルギーのやり取りを行わない．このような衝突を**弾性衝突**と呼び，これによる散乱現象が**レイリー散乱**である．レイリー散乱の場合は，入射フォトンはエネルギーを得ることも失うこともないので，散乱光の振動数は入射光の振動数に等しい（図 3.2(b)）．圧倒的に多くの衝突は弾性衝突であるが，ごく一部（$1/10^7$ 程度）のフォトンは分子との衝突の間にエネルギーのやり取りを行う（**非弾性衝突**）．この非弾性衝突に基づく光の散乱現象を**ラマン散乱**と呼ぶ．ラマン散乱光の振動数は入射光のそれよりも多い（フォトンが分子からエネルギーを得る場合，**アンチストークスラマン散乱**）かあるいは少ない（フォトンが分子にエネルギーを与える場合，**ストークスラマン散乱**）．この入射光とラマン散乱光の振動数の差のことを**ラマンシフト**と呼ぶ．分子とフォトンがやり取りするエネルギーがちょうど分子の振動エネルギー準位間の遷移と一致するとき，ラマンシフトは**振動スペクトル**を与える．一方，やり取りするエネルギーが電子エネルギー準位間，回転エネルギー準位間の遷移に一致するとき，ラマンシフトはそれぞれ，**電子スペクトル**，**回転スペクトル**を与える．

エネルギーダイアグラムを用いてラマン散乱を説明しよう．ストークスラマン散乱とアンチストークスラマン散乱を図示すると**図 3.3** のようになる．ストークス散乱の場合は，基底状態にある分子とフォトンとの相互作用である．一方，アンチストークス散乱の場合は，励起状態にある分子とフォトンとの相互作用である．もちろん基底状態にある分子の数の方が圧倒的に多いので，ストークスラマン散乱の方がはるかに起こりやすい．よって通常はストークスラ

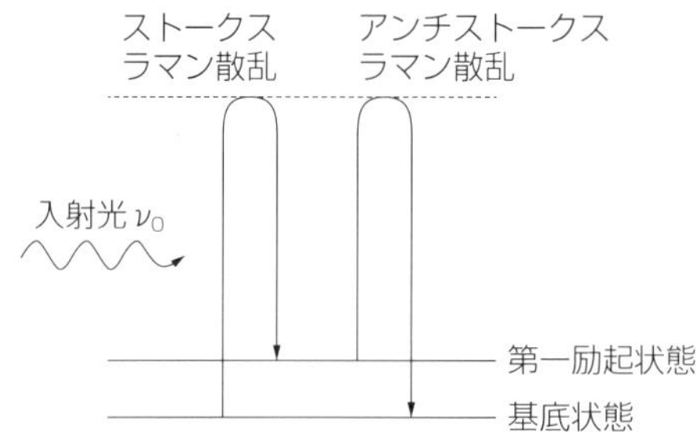

図 3.3 ラマン散乱の機構

マン散乱を測定する．ただし，ストークス・アンチストークスのいずれも，ラマンピークの位置はもっぱら電子基底状態の性質を反映したものである．

以上をまとめると，入射フォトン数に比べてラマン散乱を引き起こすフォトン数はきわめて少ない．言い換えればラマン散乱は本質的に弱い．ラマン分光法で重要なのは，ラマンシフトである．以下に述べるように，ラマンシフトは個々の物質に固有な振動数に対応するので，ラマンシフトを測定することにより，その物質を同定したり，物質の構造を調べたりすることができる．

3.3 ラマンスペクトルの例

ラマンスペクトルの例として水のラマンスペクトル，ベンゼンのラマンスペクトル，卵の白身のラマンスペクトルを見てみよう．**図 3.4** は 488.0 nm の励

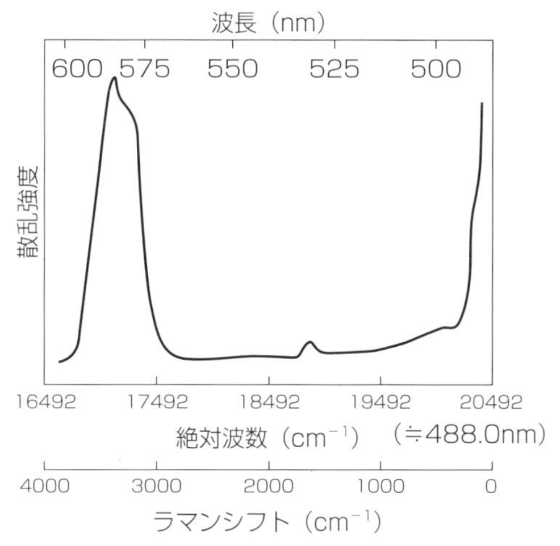

図 3.4 水のラマンスペクトル

起光を用いて測定した水のラマンスペクトルである[4]．一般にラマンスペクトルの表示の際には，横軸にラマンシフト（cm^{-1}）を，縦軸にはラマン散乱強度をとるが，図 3.4 ではさらに絶対波数（この場合は，488.0 nm に対応する 20492 cm^{-1} がラマンシフト 0 cm^{-1} を与えるので，ストークスラマンシフトが大きくなるにつれ，絶対波数は小さくなる．ラマンシフト＋絶対波数＝20492 cm^{-1} である）と波長を横軸に示している．

水のラマンスペクトルは，3800–3200 cm^{-1} に存在する H–O–H 逆対称伸縮振動と対称伸縮振動によるバンドを除けば比較的簡単なものである．1650 cm^{-1} のバンドは H–O–H の変角振動によるバンドである．低波数側に観測されるバンドは，水の分子間伸縮振動と変角振動によるものである．注目されるのは，高波数域の伸縮振動と変角振動の振動数と強度である．まず振動数であるが，変角振動の方がはるかに低波数側に観測される．このことは角度を変える運動の方が伸びたり縮んだりする運動よりエネルギーが少なくて済むということを意味する．次に伸縮振動の方が変角振動よりはるかに強いことに注目しよう．このように水のラマン散乱が 3000 cm^{-1} 以下で弱いということは，水溶液中の生体分子の研究が容易に行えるということを意味している．

次にベンゼンのラマンスペクトルを対応する赤外スペクトルと比較してみよう．**図 3.5**(a)，(b) はベンゼンのラマンスペクトルと赤外スペクトルである．ラマンスペクトルの 1600 cm^{-1} 以下の領域で強く観測されるバンドは，**図 3.6** の ν_8，ν_9，ν_1，ν_6 の振動モードによるものである．これらの中で特に特徴的なモードは ν_1 である．このモードはベンゼン環全体が対称的に大きくなったり，小さくなったりするもので，環呼吸振動あるいは英語では ring breathing mode と呼ばれている．環全体が大きくなったり小さくなったりする間に分極率が大きく変化する．このようなバンドはラマンスペクトルに強く観測される．図 3.5(a) の例のように，分子の振動スペクトルに観測されるのは，**基準振動**によるバンドである（赤外スペクトルの 2000–1800 cm^{-1} に観測されるバンドのように，基準振動の倍音や結合音が観測されることもある）．次に赤外スペクトルを見てみよう．赤外スペクトルの 1600 cm^{-1} 以下の領域で強く観測されるのは，ν_{19}，ν_{18}，ν_{11} モードである．いずれのモードも双極子モーメントの変化が大きい振動である（図 3.6）．ここで注目されるのは，ラマンスペクトルに観測されているバンドν_8，ν_9，ν_1，ν_6は，赤外スペクトルには観測されておらず，赤外スペクトルに観測されているバンドν_{19}，ν_{18}，ν_{11}は，ラマンスペクトルには観測されていないということである．ベンゼンのように対称中心を持つ分子の場合は，赤外スペクトルに観測されるバンドはラマンスペクトルには観測されず，ラマンスペクトルに観測されるバンドは赤外スペクトルには観測されないという規則がある．これを**赤外ラマン交互禁制**という．

もうひとつ，ラマン分光法の実用的な応用例として，卵の白身のラマンスペクトルを見てみよう．**図 3.7**(a)，(b) は生卵の白身とゆで卵の白身のラマンスペクトル（1064 nm 励起）である．ラマンスペクトルはいずれも典型的なタンパク質のラマンスペクトルとなっており，アミド基の振動であるアミドI

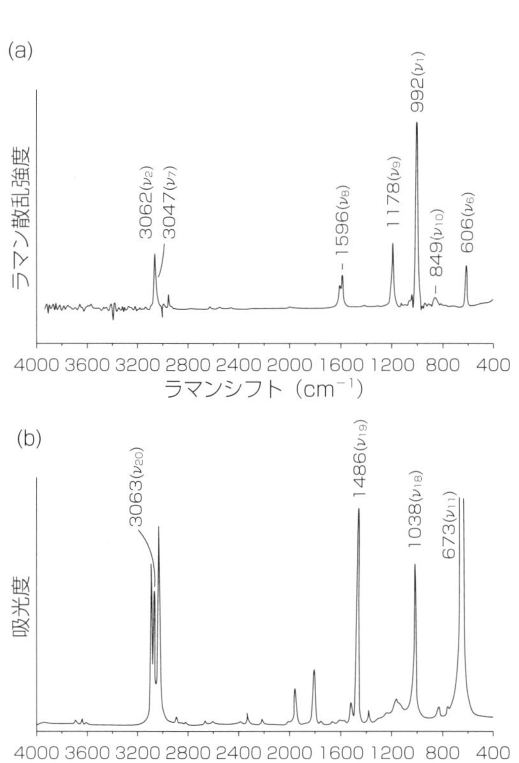

図 3.5 ベンゼンの赤外スペクトルとラマンスペクトルの比較

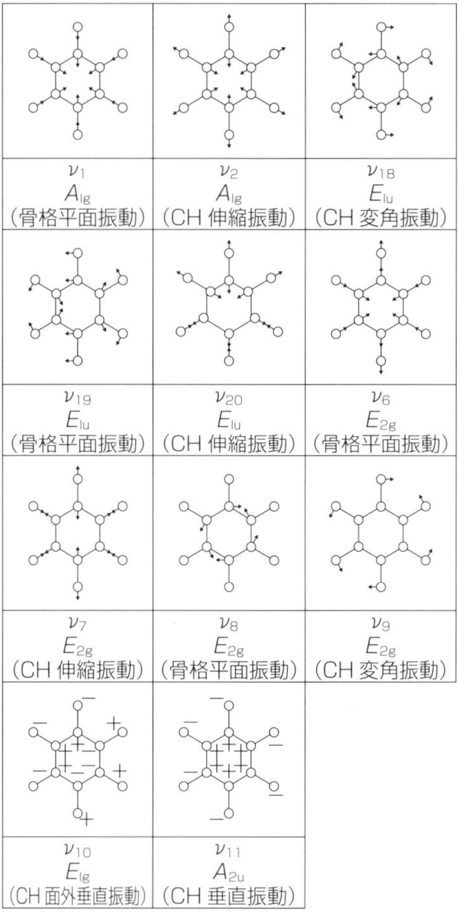

ν_1 A_{1g} (骨格平面振動)	ν_2 A_{1g} (CH 伸縮振動)	ν_{18} E_{1u} (CH 変角振動)
ν_{19} E_{1u} (骨格平面振動)	ν_{20} E_{1u} (CH 伸縮振動)	ν_6 E_{2g} (骨格平面振動)
ν_7 E_{2g} (CH 伸縮振動)	ν_8 E_{2g} (骨格平面振動)	ν_9 E_{2g} (CH 変角振動)
ν_{10} E_{1g} (CH 面外垂直振動)	ν_{11} A_{2u} (CH 垂直振動)	

図 3.6　ベンゼンの主な基準振動

(1680–1660 cm^{-1}) とアミド III (1330–1230 cm^{-1}), CH_2 変角振動 (1452 cm^{-1}), フェニルアラニンの環呼吸振動 (1006 cm^{-1}) によるバンドなどが観測されている. (a), (b) を比較すると, アミド I とアミド III のバンドにはっきりとした変化がみられる. これらの変化は卵白のタンパク質が生卵の α–ヘリックス構造を主とする構造から, ゆで卵の β–構造を主とする構造へと変化したことを示している. この研究で興味深いのは, 実際的な試料をあるがままの状態でスペクトルを測定し, 生体物質の構造変化を追跡できたという点であ

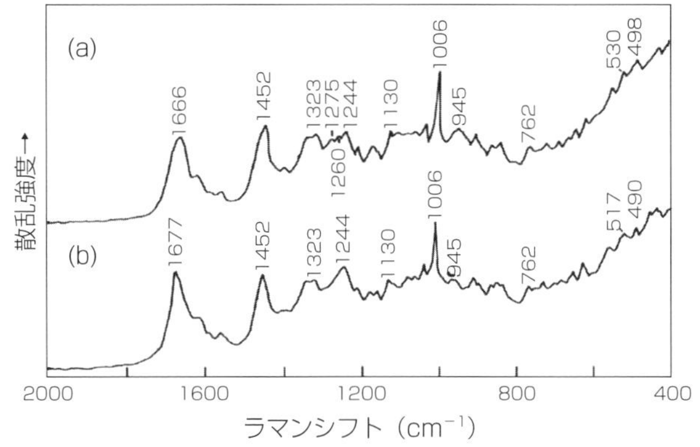

図 3.7　卵白のラマンスペクトル

（a）生卵，（b）ゆで卵.

る．ラマン分光法が非破壊，*in situ* 分析法であるということを見事に示している．

3.4 ラマン分光法の特色

いくつかのラマンスペクトルの例も見たので，ここでラマン分光法の特色をまとめてみよう[1-4]．

1）物質の形態に関係なく，あるがままの状態で（*in vivo*, *in situ*），非破壊的に物質の構造を調べることができる．上の卵白の例がそのよい例である．

2）固体，結晶，フィルム，液体，溶液，気体などいろいろな状態でスペクトル測定ができる．したがって，たとえば分子の結晶中での構造と水溶液中での構造を比較することができる．

3）指向性が高いレーザー光を励起光として用いるので，微量分析，局所分析（顕微分析）に適している．用いる波長域も赤外光に比べて短く，より顕微分光に適している．

4）水のラマン散乱は弱いので，水溶液系（生理的条件下）でのスペクトル測定が容易である．これは，とくに赤外分光法に比べて大きな長所である．

5）光ファイバーを用いた測定が容易である．遠隔からのラマンスペクトル測定も可能である．

6）パルスレーザーとマルチチャンネル検出器を組み合わせることにより，ピコ秒，フェムト秒オーダーの高速現象を研究することができる．このことは励起状態や反応中間体の分子構造の研究ができることを意味する．

7）赤外分光法に比べて空間分解能が高い．市販の顕微ラマン分光装置の分解能は 300 nm～1 μm 程度であるが，チップ増強ラマン散乱法（tip-enhanced Raman scattering TERS）を用いると 10 nm 程度の空間分解能も可能となる．イメージング測定も比較的容易である．

3.5 ラマン分光法と赤外分光法との比較，ラマン分光法の問題点

ラマン分光法と赤外分光法がもつそれぞれの特色を比較したときの，ラマン分光法の特色は，以下のようなことが挙げられよう．

1）水溶液系でのスペクトル測定が容易である．

2）*in vivo*，*in situ* 分析に適している．

3）高い空間分解能での固体，液体試料の顕微分析，イメージングがより容易である．

4）2 光子過程ならではの偏光を駆使した複雑な実験が可能で，実験室座標を規定することで分子座標に関する情報が得られる（偏光解消度など）．

5）より簡単に超高速現象の研究ができる．
6）非線形光学過程を用いた実験が幅広く展開できる．
7）赤外よりファイバー分析に適している．

ラマン分光法の問題点としては，1）ラマン散乱強度が本質的に弱く，高感度分析ではない，2）ラマン散乱光が強い蛍光に妨害されることがある，3）レーザー光の強度が強いと試料の分解，異性化などが起こることがある，などがある．これらに対する対策については後に述べる．

3.6 ラマン散乱の古典物理学による説明

ラマン散乱を定量的に説明するには量子力学を必要とするが，古典物理学でも強度以外のラマン散乱の本質を説明できる．分子に光，すなわち振動数 ν_i の電磁波が照射されると，電磁波の周期的な電場（振動電場 $\boldsymbol{E}$）によって分子の電子雲が周期的に偏る（**図 3.8**）．電子雲が周期的に偏ると，分子内に一時的に電荷がプラスに偏る部分と，マイナスに偏る部分ができる．すなわち電気双極子モーメント $\boldsymbol{p}$ が誘起される．

$$\boldsymbol{p} = \alpha \boldsymbol{E} \tag{3.1}$$

ここで α は**分子分極率**である．ベクトル $\boldsymbol{E}$ と $\boldsymbol{p}$ は一般に異なった向きを取るので，α はテンソル量である．したがって式（3.1）は次のように書き改めることができる．

$$\begin{bmatrix} p_x \\ p_y \\ p_z \end{bmatrix} = \begin{bmatrix} \alpha_{xx} & \alpha_{xy} & \alpha_{xz} \\ \alpha_{yx} & \alpha_{yy} & \alpha_{yz} \\ \alpha_{zx} & \alpha_{zy} & \alpha_{zz} \end{bmatrix} \begin{bmatrix} E_x \\ E_y \\ E_z \end{bmatrix} \tag{3.2}$$

以下，話を簡単にするために，$\boldsymbol{E}$ と $\boldsymbol{p}$ をともに一次元とし，α をスカラーとし

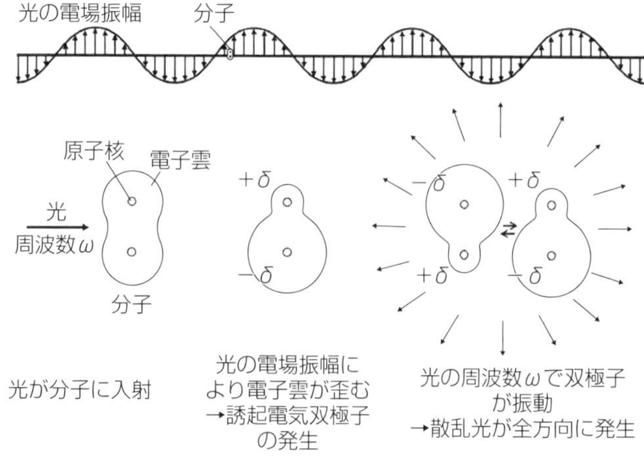

図 3.8 ラマン散乱の古典論による説明

【出典】山本裕子：光学，46，483（2017）

た場合を考える．このとき $E=E_i\cos 2\pi\nu_i t$ とすると $p=\alpha E_i\cos 2\pi\nu_i t$ となる．

分子分極率 α を分子振動の振動変位を表す Q（$=Q_i\cos 2\pi\nu t$，ν は分子振動の振動数）でテーラー展開し，Q^2 以上の高次項を無視すると

$$\alpha=\alpha_i+\left(\frac{\partial\alpha}{\partial Q}\right)_0 Q=\alpha_i+\left(\frac{\partial\alpha}{\partial Q}\right)_0 Q_i\cos 2\pi\nu t \tag{3.3}$$

となる．すなわち α は分子振動によって変化しない項（α_i）と変化する項に分けることができる．

よって

$$\begin{aligned} p&=\left\{\alpha_i+\left(\frac{\partial\alpha}{\partial Q}\right)_0 Q_i\cos 2\pi\nu t\right\}E_i\cos 2\pi\nu_i t\\ &=\alpha_i E_i\cos 2\pi\nu_i t+\left(\frac{\partial\alpha}{\partial Q}\right)_0 Q_i E_i\cos 2\pi\nu t\cdot\cos 2\pi\nu_i t\\ &=\alpha_i E_i\cos 2\pi\nu_i t+\frac{1}{2}\left(\frac{\partial\alpha}{\partial Q}\right)_0 Q_i E_i\{\cos 2\pi(\nu_i+\nu)t+\cos 2\pi(\nu_i-\nu)t\} \end{aligned} \tag{3.4}$$

となる．さて式（3.4）の第1項は定数 α_i と入射光と同じ振動数で振動する E

の積である．したがって，この項は p の ν_i で振動する成分を表す．一方，第2項は2つの振動数 $\nu_i+\nu$ と $\nu_i-\nu$ で振動する成分を含んでいる．結局，誘起された双極子モーメント p は，ν_i，$\nu_i\pm\nu$ で振動する3つの成分からなる．古典電磁気学によれば，振動する双極子は，散乱光の形でエネルギーを放出する．したがって第1項は，入射光と同じ振動数を持つ光が散乱されることを示している．これが**レイリー散乱**である．第2項は振動数の変化した散乱光の放出を意味しており，これが**ラマン散乱**である．振動数 $\nu_i-\nu$ と $\nu_i+\nu$ の成分を**ストークスラマン散乱光**，**アンチストークスラマン散乱光**と呼ぶ．

ラマン散乱が実際に起こるためには，第2項の係数 $(\partial\alpha/\partial Q)_0 Q_i E_i$ が0でないことが必要である．Q_i，E_i は明らかに0でないので，$(\partial\alpha/\partial Q)_0 \fallingdotseq 0$ が必要条件となる．この条件は分子が振動変位を起こしたときに分極率テンソル，α（体積の次元を持つ）が変化するような振動のみが**ラマン活性**であることを意味する．直線3原子分子の CO_2 の基準振動1（対称伸縮振動），2（逆対称伸縮振動），3a，3b（縮重変角振動）がラマン活性か不活性かについて考えよう．**図3.9**(a)，(b)，(c) はそれぞれ基準振動1，2，(3a，3b) の分極率テンソルの変化を示したものである．基準振動1の場合は明らかに分子が伸びた状態と縮んだ状態で分極率テンソル α が変化しており（分極率テンソルの変化は電子雲の体積変化と考えればわかりやすい），平衡点での $\partial\alpha/\partial Q$，すなわち $(\partial\alpha/\partial Q)_0$ は0でない．したがって基準振動1はラマン活性である．2，(3a，3b) の場合は振動の両極端において α の値が等しくなり，$(\partial\alpha/\partial Q)_0$ が0とな

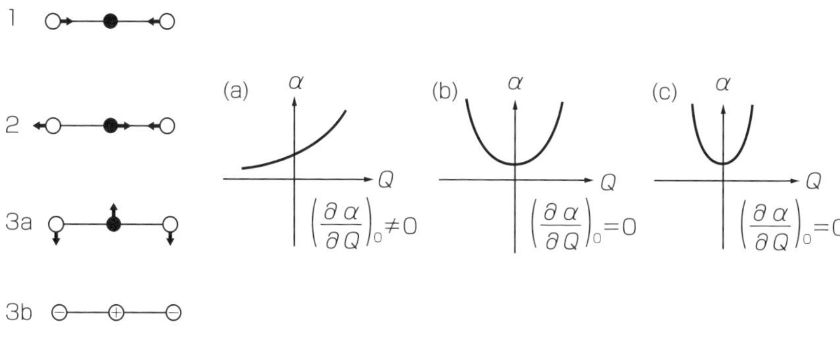

図3.9 CO_2 の基準振動1，2，3a，3bと，それにともなう分極率 α の変化

る．よってラマン不活性である．基準振動1，2，(3 a，3 b) は双極子モーメントの変化を見れば明らかなように，それぞれ赤外不活性，活性，活性である．O=C=O のように対称中心のある分子では，たしかに赤外ラマン交互禁制が成り立っていることがわかる．

3.7 ラマン散乱の偏光特性

一般に入射光の偏光面と強度は散乱過程で変化するが，その変化の程度は基準振動の対称性に依存する．言い換えればラマンバンドの偏光特性と基準振動の対称性との間には密接な関係がある．したがって，あるバンドの偏光特性を知っておくとバンドの帰属に役立つことがある．**図 3.10** は四塩化炭素の偏光

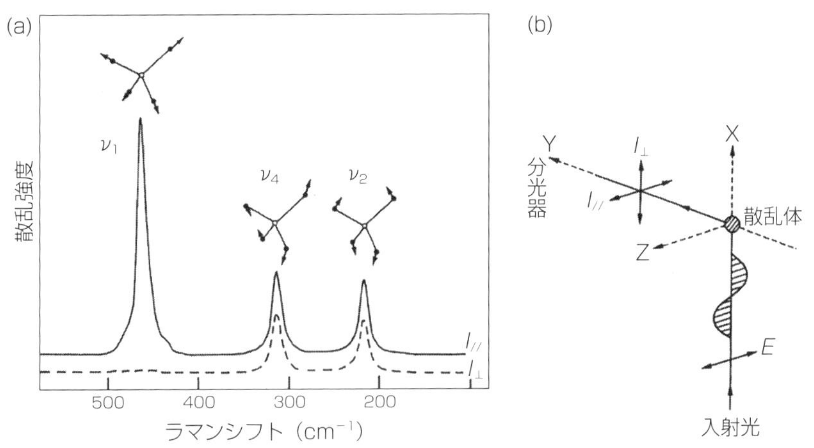

図 3.10 (a) 四塩化炭素の偏光ラマンスペクトルと ν_1，ν_4，ν_2 モードの振動形，(b) 入射光 (E) とラマン散乱光の $I_\perp$，$I_{/\!/}$ 成分との関係．

ラマンスペクトルである．その図で$I_{\perp}$と$I_{/\!/}$は，ラマン散乱強度の入射光の電場ベクトルEに対して垂直あるいは平行に偏光した成分を表す．図3.10から基準振動の対称性によって，ラマンバンドの偏光が大きく変化することがうかがえる．

一般にラマンバンドの偏光特性は，$I_{\perp}$と$I_{/\!/}$の比で定義される**偏光解消度**ρによって表される（偏光解消度の測定法は3.11節で解説する）．

$$\rho = I_{\perp} / I_{/\!/} \tag{3.5}$$

入射光の偏光面（一般に入射レーザー光は強く偏光している）が散乱過程で変化するのは，αがテンソル量であるからである．したがって，ρはαの成分の組み合わせとして表現することができる．詳しくは文献1を参照のこと．$\rho=3/4$の偏光解消度を与えるラマンバンドを**偏光解消帯**（depolalized band），$0\leqq\rho<3/4$の偏光解消度を与えるバンドを**偏光帯**（polarized band）という．図3.10のν_1モードは偏光帯，ν_4とν_2モードは偏光解消帯の例である．偏光解消帯の偏光解消度が正確に0.75になるかどうかをチェック（実験方法は3.11節）することは，ラマン分光器の光学系のチェックに非常に役立つ[6)]．合わない場合は，光学系をくまなく調べて問題箇所を解決しないと，偏光による定量的解析ができないと考えてよい．

なお，$\rho>3/4$のような異常偏光を与えるバンドが現れることがある．このような異常偏光を与えるバンドを**異常偏光解消帯**（anomalously polarized band）という．異常偏光解消帯は**共鳴ラマン散乱**の場合に観測される（3.9節）．

3.8 ラマン散乱の量子論による説明

すでに説明したように，古典論もラマンシフトやストークスラマン散乱，アンチストークスラマン散乱の存在などラマン散乱に関して多くの有益な情報を与えるが，ラマン散乱の強度に関する情報を与えることができない．強度に関する議論をするときには量子論的な議論が必要となってくる．量子論によってラマン散乱を説明する場合はまず，量子化された分子のエネルギー準位を考える．状態 m または n にある分子に光が当たると，第一の過程として分子は高いエネルギー状態 r に“励起”される．この場合の“励起”とは，分子が量子化された励起状態に励起されることを意味するのではなく，r の性質を幾分帯びることを意味する．言い換えれば状態 r は実在する電子励起状態ではなく，名目的な状態である（仮想エネルギー準位）．第二の過程としてフォトンの放出があり，分子は状態 n（始状態が n のときは m）に移る．このように，ラマン散乱は光入射過程と光放射過程からなる 2 光子過程である．

量子力学によれば，状態 m から n への遷移に対応するラマン散乱光の全強度 I_{mn} は，次のように書き表すことができる．

$$I_{\mathrm{mn}} = \frac{128\,\pi^5}{9\,\mathrm{c}^4}\,(\nu_i \pm \nu_{\mathrm{mn}})^4 I_i \sum_{\rho\sigma} |\,(\alpha_{\rho\sigma})_{\mathrm{mn}}\,|^2 \tag{3.6}$$

ここで，I_{i} は入射光（振動数 ν_{i}）の強度，ν_{mn} はラマンシフトを表す．$\alpha_{\rho\sigma}$ は散乱テンソルの $\rho\sigma$ 成分である．式（3.6）は，ラマン散乱強度が入射光の強度 I_{i}，散乱光の振動数 $\nu_{\mathrm{i}} \pm \nu_{\mathrm{mn}}$ の 4 乗（ν^4 則），および散乱テンソル $\alpha_{\rho\sigma}$ の 2 乗に比例することを示す．

式（3.6）の散乱テンソル $(\alpha_{\rho\sigma})_{\mathrm{mn}}$ は次の式で与えられる．

$$(\alpha_{\rho\sigma})_{\mathrm{mn}} = \frac{1}{h}\sum_{\mathrm{r}}\left[\frac{\langle \mathrm{m} \mid \mu_\sigma \mid \mathrm{r}\rangle\langle \mathrm{r} \mid \mu_\rho \mid \mathrm{n}\rangle}{\nu_{\mathrm{rm}}-\nu_i+i\Gamma_{\mathrm{r}}} + \frac{\langle \mathrm{m} \mid \mu_\rho \mid \mathrm{r}\rangle\langle \mathrm{r} \mid \mu_\sigma \mid \mathrm{n}\rangle}{\nu_{\mathrm{rn}}+\nu_i+i\Gamma_{\mathrm{r}}}\right] \tag{3.7}$$

ここでrは分子のすべての量子力学的固有状態を含み，ν_{rm}はmからrへの遷移の振動数を表す．$\langle \mathrm{m} \mid \mu_\alpha \mid \mathrm{r}\rangle$, $\langle \mathrm{r} \mid \mu_\rho \mid \mathrm{n}\rangle$, ……は遷移電気双極子モーメントの成分，$\mu_\rho$は$\rho$方向の電気双極子モーメント演算子を表す．$\Gamma_{\mathrm{r}}$は状態$r$の減衰定数である．式（3.7）はラマン散乱の基本となる重要な式で，**Kramers–Heisenberg–Dirac の分散式**と呼ばれる．これ以上詳しいことはここでは書かない．さらなる理論の学習には，文献1を参照のこと．

3.9 共鳴ラマン散乱

共鳴ラマン効果とは，ある分子の吸収帯に重なる波長をもつ励起光を用いてラマン散乱を測定したときに，吸収帯の原因となる発色団部分の振動に由来するラマンバンドの強度が著しく増大する効果をいう．通常，共鳴ラマン効果による強度増大は10^3～10^5程度である．共鳴ラマン効果を用いることによって，たとえば濃度が数μM程度の希薄溶液中での色素のラマンスペクトルを測定することができる．

共鳴ラマンスペクトルの簡単な例を示そう．**図3.11**はアスタキサンチンの化学構造と465.8 nmの励起光で測定したその共鳴ラマンスペクトルである[7]．アスタキサンチンは自然界に広く分布する（エビ，ザリガニ，鯛などに含まれる）カロテノイド色素である[4]．共鳴ラマンスペクトルの1524と1157 $\mathrm{cm^{-1}}$に観測される強いバンドは，それぞれ，C=C，C–C伸縮振動によるものである．C=C伸縮振動の振動数によってπ電子系の共役の度合いを調べることができる．Careyら[7]はアスタキサンチンが含まれるロブスター外殻の共鳴ラマ

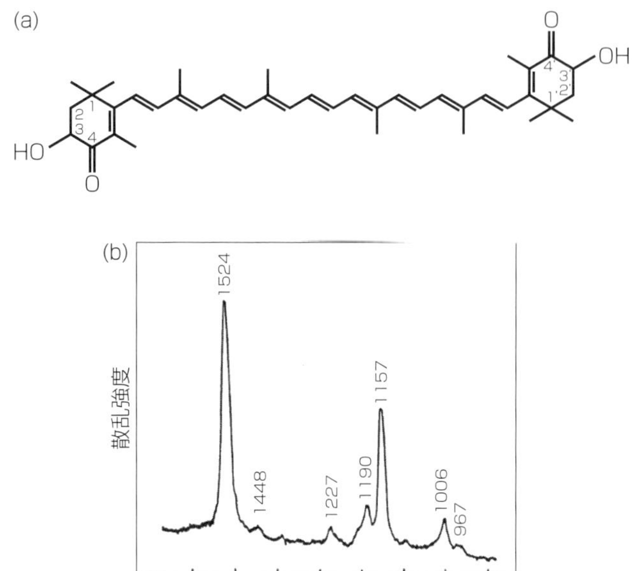

図 3.11　アスタキサンチンの化学構造とその共鳴ラマンスペクトル（465.8 nm 励起）

【出典】V. R. Salares *et al.*：*J. Phys. Chem.*, 80, 1137（1976）

ンスペクトルを3つの励起波長（647.1，676.4，752.5 nm）を用いて測定した．外殻にはタンパク質や無機物質などいろいろなものが含まれているが，観測されたのは，もっぱら共鳴ラマン効果を受けるアスタキサンチンによるバンドであった．Carey らは励起波長依存性の研究などから，アスタキサンチン分子間の励起子相互作用やタンパク質–アスタキサンチン相互作用などの研究を行った．

図 3.12 は生きた光合成細菌（*Chlorobium limicola* f. *thiosulfatophilum*）の共鳴ラマンスペクトルである．もちろん細菌といえども，1 個の生物体であるから，その組織はかなり複雑であり，タンパク質，脂質，糖などいろいろな物質を含んでいる．しかしながら共鳴ラマンスペクトルに観測されているのはもっぱら，共鳴ラマン効果を受けるバクテリオクロロフィルとカロテノイドによるバンドだけである．この例のように共鳴ラマン分光法を用いると，生きた

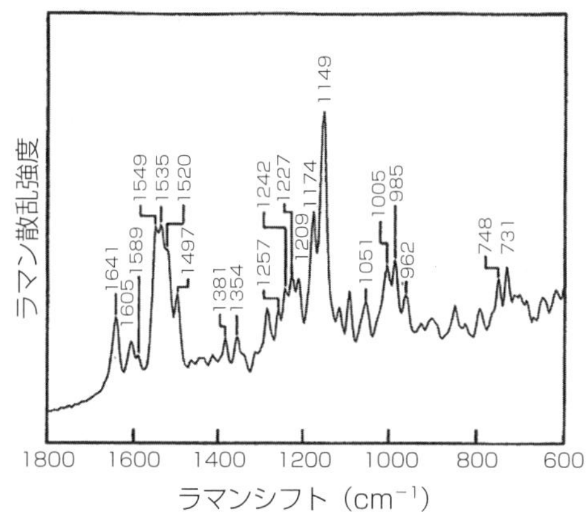

図 3.12 生きた光合成細菌 *Chlorobium limicola* f. *thiosulfatophilum*

【出典】H. Sato *et al.*: *Photochem. Photobiol.*, 62, 509 (1995)

ままの生物体のラマンスペクトルを測定し，実際に光合成の機能を果たしている色素のみのスペクトルを選択的に測定することができる．

共鳴ラマン散乱の測定が初めて試みられたのは，実は 1932 年のことである．その理論的研究は 1934 年に Placzek によって始められた[1)]．それほど共鳴ラマンは古くから注目されてきたのである．共鳴ラマン散乱が初めて実験的に証明されたのは，**図 3.13** に示す還元型チトクロム *c* とオキシヘモグロビンの研究である．観測されるバンドはすべてヘムグループによるものである．共鳴ラマン分光法の中で注目されるものに，紫外共鳴ラマン散乱がある．これは紫外光（200～300 nm）を励起光として用いて共鳴ラマン散乱を測定するものである．たとえば，チトクロム *c* やヘモグロビンのようなヘムタンパク質のラマンスペクトルを可視光励起で測定すると，ヘムタンパク質に含まれるヘムグループのラマン散乱が観測されるが（図 3.13），紫外光でそのラマン散乱を励起するとヘムグループのバンドは観測されず，ペプチド鎖やアミノ酸残基によるバンドのみが観測される．

共鳴ラマン散乱は次のような利点を持つ．

1）励起波長をうまく選ぶことにより，分子中の特定の部分，あるいは複雑な混合物中の特定の成分について選択的にスペクトルを測定することができ

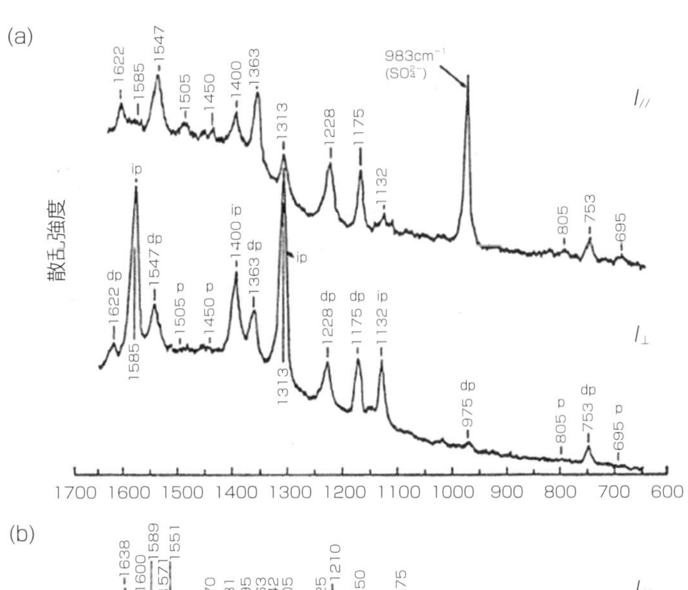

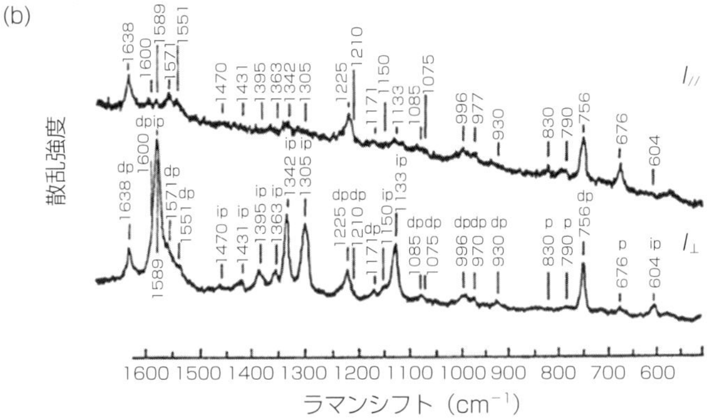

図 3.13 （a）還元型チトクロム *c*（0.5 mM）の共鳴ラマンスペクトル（514.5 nm 励起），（b）オキシヘモグロビン（0.5 mM）の共鳴ラマンスペクトル（568.2 nm 励起）.

【出典】T. G. Spiro., T. C. Strekas : *Proc. Nat. Acad. Sci.* USA, 69, 2622（1972）

る.

2）希薄な濃度の試料のラマンスペクトルの測定が容易になる．また光学的均質性の悪い試料でも良質なスペクトルを与えることがある.

3）電子の励起状態に関する情報を得ることができる.

ここで共鳴ラマン効果を少し理論的に考察しよう．共鳴ラマン散乱の場合は，入射光のエネルギーは，電子遷移のエネルギーにほぼ等しくなるので，図3.3は**図 3.14** のように書き改められる．すなわち共鳴ラマン散乱の場合は，状態 r が実存の電子励起状態となる．入射光のエネルギーが電子遷移のエネルギーに近づくとラマン散乱強度が異常に強くなることは，式 (3.7) を見れば明らかである．なぜならば，入射光のエネルギーが電子遷移のエネルギーに近づくと，式 (3.7) の分母が極めて小さくなり，散乱テンソルが異常に大きくなるからである．

共鳴ラマン分光法は生体色素，金属タンパク質，視物質，光合成系，導電性高分子，カーボンナノ物質などのいろいろな研究に用いられている．

共鳴ラマン散乱には散乱強度の飛躍的増大のほかに，次のような特徴がある．

1）異常な偏光解消度を示すバンドの出現．

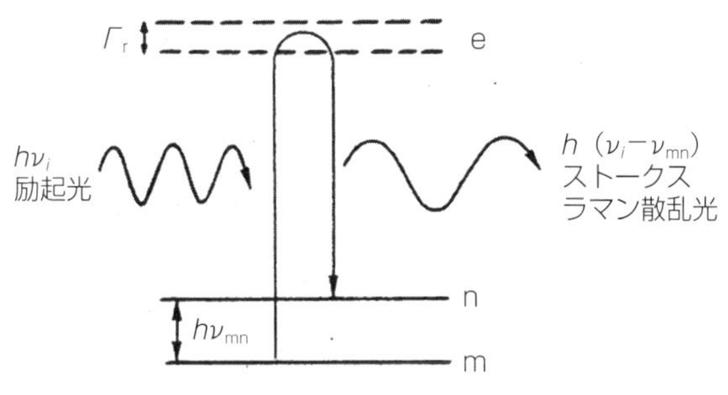

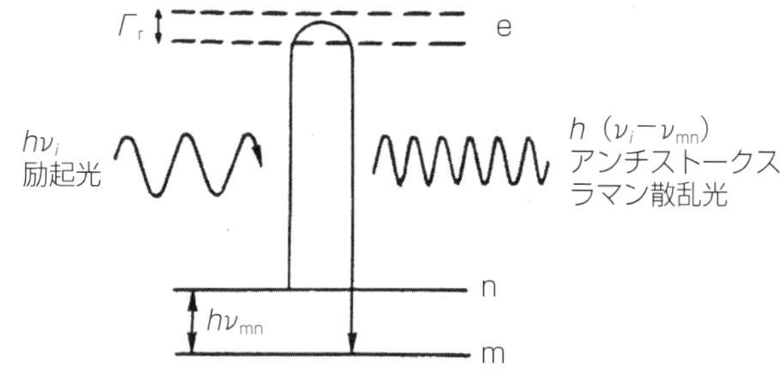

図 3.14　共鳴ラマン散乱の機構

図 3. 13 は 514.5 nm の励起光を用いて測定した還元型チトクロム c の共鳴ラマンスペクトルと 568.2 nm の励起光を用いて測定したオキシヘモグロビンの共鳴ラマンスペクトルを示す[8]．チトクロム c もヘモグロビンも発色団としてヘムグループを持つ．ヘムグループは 380–580 nm に強い吸収を持つので，514.5 や 568.2 nm の励起光を用いてラマンスペクトルを測定するとヘムグループによる振動のみがラマンスペクトルに観測される．チトクロム c のスペクトルの 1585，1400，1313 cm^{-1}，オキシヘモグロビンのスペクトルの 1589，1342，1305，1133 cm^{-1} に異常偏光解消度を示すバンドが観測される．これらの例は異常偏光解消度が初めて観測された例である．

2）励起電子状態において振電相互作用の強い振動によるラマンバンドが著しい強度増大を示す．**図 3. 15** は 337.1 nm（共鳴条件下）と 514.5 nm（非

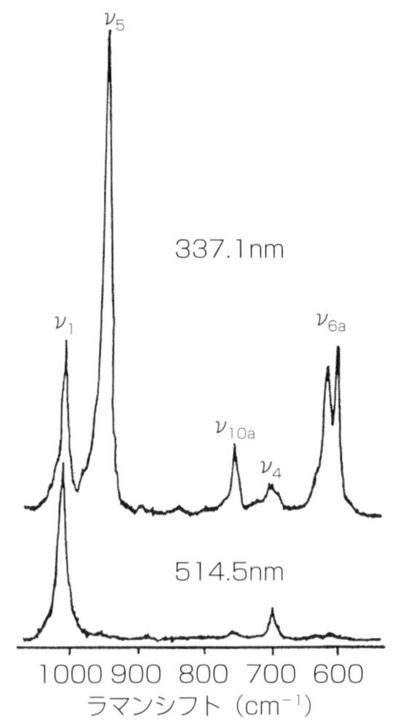

図 3. 15　ピラジン結晶のラマンスペクトル（337.1 nm と 514.5 nm 励起）

【出典】I. Suzuka, N. Mikami, Y. Udagawa, K. Kaya, M. Itoh : *J. Chem. Phys.*, 57, 4500（1972）

共鳴条件下）で測定したラマンスペクトルを比較したものである[9]．非共鳴条件下のスペクトルでは，ν_1 モード（ピラジン環の環呼吸振動）が最も強く観測されるが，共鳴条件下で測定したラマンスペクトルでは非対称な振動モード（ν_5 など）の強度が著しく強くなっている．

3）倍音，結合音の強度増大．**図 3.16** はヨウ素気体の共鳴ラマンスペクトルを示す（488.0 nm 励起）[10]．ヨウ素の I–I 伸縮振動（213 cm^{-1}）の 14 倍音までが観測された．

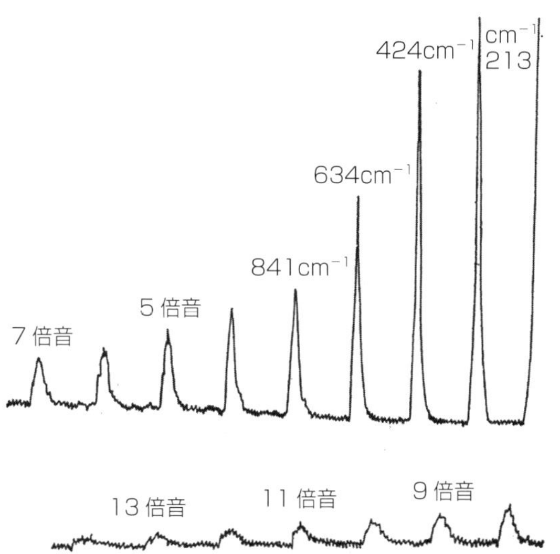

図 3.16 ヨウ素気体の共鳴ラマンスペクトル（488.0 nm 励起）

【出典】W. Holzer, W. F. Murphy, H. J. Bernstein : *J. Chem. Phys.*, 52, 399（1970）.

3.10 ラマン分光装置

ラマン分光装置は近年，レーザー，分光器，検出器の小型化，検出器の高感度化などにより，急速な進歩をとげている．イメージングシステムを備えた装置からハンドヘルドラマンに至るまで，そのバリエーションは極めて大きい．ベッドサイドラマン分光器なども試作されている．**図 3.17** はラマン分光の実験系を示したものである．ラマン分光の実験装置は，基本的には光源，試料部，試料周辺の光学系，分光部，検出部，データ処理系に分けられる．ラマン分光実験装置の特徴のひとつは，試料部と試料周辺の光学系の自由度が大きいことである．測定用のセルを用いなくともよい場合も多い．以下にラマン分光器の構成要素について概説する．

光源　紫外域から近赤外域のレーザー光源がラマンの光源として用いられている．言うまでもないが，レーザーはラマン分光の光源として単色性，指向性，高出力，偏光性のいずれにおいても優れている．従来は，Ar や Kr イオンレーザーに代表されるガスレーザーが主流であったが，今では小型で高出力の固体レーザーが最もよく使用される．波長が 532 や 785 nm の励起光が代表的なも

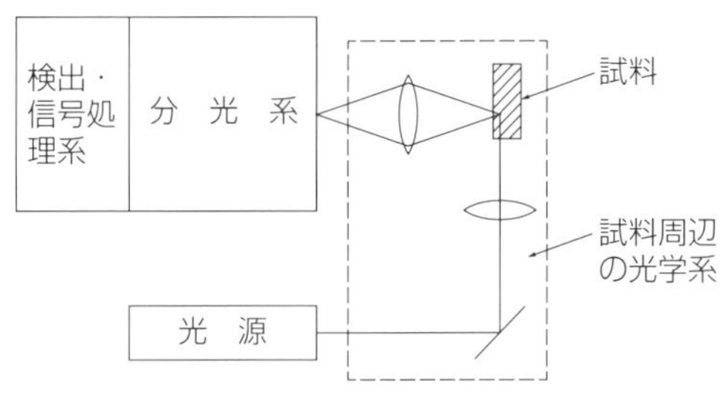

図 3.17　ラマン分光装置

のであるが，405，488，514.5，647，830，1064 nm なども用いられる．時間分解ラマン分光法や非線形ラマン分光法の実験にはパルスレーザーが光源として用いられる．

検出器　検出器としては二次元マルチチャンネル検出器（受光素子が面上に並んでいるカメラ型）の代表である CCD 検出器が用いられることが圧倒的に多い．CCD 検出器を選ぶときは，その光電変換の量子収率の波長依存性を見ておくことが重要である．一般に CCD 検出器は 350–1200 nm に感度を持つが，感度特性がものによって異なるので，注意が必要である．1000 nm 以上の近赤外光の検出のためには InGaAs 検出器が用いられる．最近は，印加電圧で光電変換された電子を増倍させ検出感度を大幅に向上させる EMCCD（電子増倍型 CCD）が用いられることもある．

ラマン測定のための波数分解能は目的によるが，数 cm^{-1} 程度である．

市販のラマン分光器には基本的なラマン分光器のほかに，顕微ラマン分光装置，ラマンイメージング，AFM（原子間力顕微鏡）ラマン，先端増強ラマン顕微鏡，広視野ラマンスコープ，トリプルラマン分光装置，透過ラマン分光装置などいろいろなものがある．またプロセスラマンシステムなど専用器も数多く市販されている．さらに数社がハンドヘルドラマン分光器を市販している．1064 nm 励起の FT ラマン分光器も販売されている．研究目的，利用目的によってかなり自由に選べる状況にある．

3.11 ラマンスペクトル測定法

ラマンスペクトルを測定する際には，照射光学系，集光光学系とセルについて考える必要がある[1,4,5]．**図 3.18** はラマン分光実験装置の光学系を示す．最近は市販のラマン分光器の光学系を実験者自らが操作することが少なくなってき

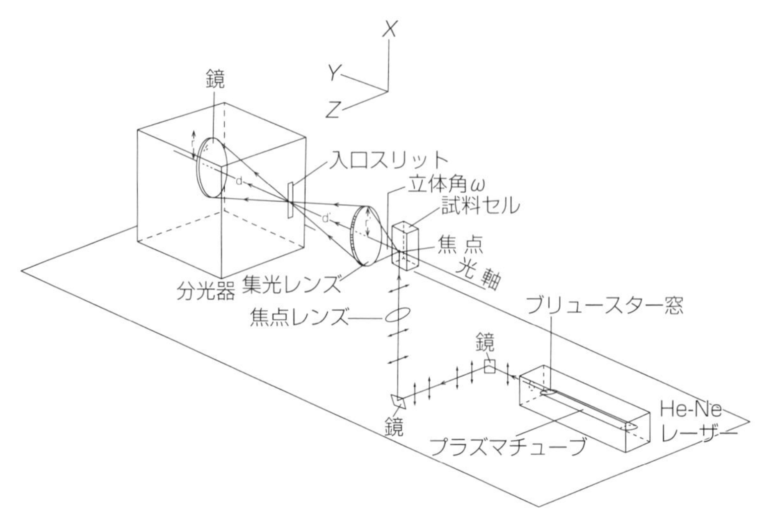

図 3.18 ラマン分光実験装置の試料周辺の光学系

た．しかしレーザーから出た光が分光器に入射するまでを知っておくことは非常に重要である．最初にレーザー光線の電場ベクトル（$\boldsymbol{E}$ ベクトル）の向きを知っておく必要がある．実際のラマン分光実験では，いくつかの反射鏡を利用してレーザー光線を試料に導く．このような場合に $\boldsymbol{E}$ ベクトルがどのように変化するかを図 3.18 に示した．レーザー光線は最初の反射鏡に 45° の角度で入射するが，反射によって $\boldsymbol{E}$ ベクトルの向きは変わらない．次に 2 つ目の反射鏡に 45° で入射すると，レーザー光線は上下の方向に向きを変え，$\boldsymbol{E}$ ベクトルの方向も 90° 変化する．どのように試料を置いた場合でも，試料と分光器の配置に対する $\boldsymbol{E}$ ベクトルの向きは常に図 3.18 のようになっていなければならない．すなわち，$\boldsymbol{E}$ ベクトルの向きは決して集光系の光軸の方向と一致させてはならない．もし一致すれば，散乱過程の等方性成分が失われてしまう．散乱テンソルの等方性成分は，$\boldsymbol{E}$ ベクトルと同じ向きに電気双極子を誘起する．この振動双極子によって光が散乱されるが，$\boldsymbol{E}$ ベクトルの方向には散乱されない．したがって $\boldsymbol{E}$ ベクトルの方向が図 3.18 に示した方向と垂直な方向であれば，等方性成分によるラマン散乱光は分光器の光軸の向きにはまったく散乱されなくなるであろう．

照射光学系は大きく分けて，90° 散乱，45° 散乱，後方（180°）散乱，および前方（0°）散乱の4つがある．ラマン分光法は非破壊，その場分光法なので，対象とする物質，物体にレーザー光を当てれば，あとは分光器と検出器さえあればそれだけでラマンスペクトルが測定できるはずであるが，実際にはセルを用いて測定することも多い．ただ，初期のラマン分光と異なるのは顕微ラマン測定などが多くなり，セルの考え方そのものが変わってきたということである．顕微ラマン分光法は後方散乱の光学系である．また，前方散乱は透過型ラマン分光法ともいい，徐々にその応用例が増えてきている．とくに波数の小さな表面ポラリトンをとらえるには必須の光学系で，粉末の定量的な測定の精度を高めることができる[11]．また，このほかにもATR光学系（図2.18）をラマン分光法に使った測定もTotal Internal Reflection（TIR）ラマン分光法として知られ，表面の高感度分光法として重要である[12]．

ラマンスペクトルの測定は気体，液体，溶液，固体，単結晶などに分けられる．ここでは気体については述べない．文献5に詳しい．

3.11.1 液体試料

溶液や液体のラマンスペクトル測定によく用いられるのは，**図3.19**のようなセルである[1,4,5]．ある程度，液量が確保できるものであれば，図3.19(a)，(b）のようなセルを用いるのが好ましい．(a）でビニールテープを用いるのは，セルや試料液面からの反射光や散乱光が分光器に入るのを防ぐためである．共鳴ラマンスペクトル測定の時にはラマン散乱光が試料によりかなり吸収されるので，(a)，(b）に示すようにレーザービームをできるだけ表面近くに入射させる必要がある．試料の量が少ない場合は，(c）に示すようなキャピラリーセルを用いるとよい．試料の中にはレーザー光照射により，分解したり異性化したりするものもある．そのような場合には，回転セル（d)，“かき混ぜセル”(e)，フローセルを用いるとよい．かき混ぜセルでは，小型の磁石で試料をかき混ぜる．液体試料が高速で回転すると，試料の拡散があまり起こらず，同じ場所ばかりがレーザー光の照射を受けるということがある．このような場合，かき混ぜセルが有効である．

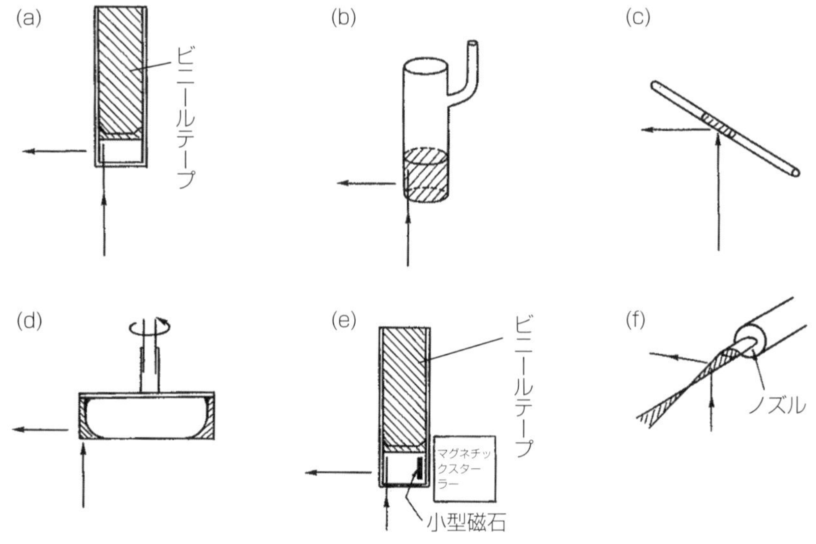

図 3.19 液体試料のラマンスペクトル測定によく用いられるもの

(a) 角型セル, (b) 円筒形セル, (c) キャピラリーセル, (d) 回転セル, (e) かき混ぜセル, (f) 液体ジェット法

ほかにもいろいろと興味深いセルがある．**図 3.20** は Dou ら[13]によって提案されたラマンセルとセルホルダーである．セルとしては固定セルでもフローセルでも用いることができるが，そのセルを固定するセルホルダーが内側を金メッキした積分球になっている．このセルホルダーを用いると簡単に数十倍ラマン散乱強度を増大させることができる．

3.11.2 固体試料

図 3.21 は固体試料のラマンスペクトル測定を示す．試料が固体の場合は，試料をどこかにおいて 90° 散乱，後方散乱で測定できる．試料を錠剤に成型することもできる（図 3.21(a)）．試料が強い吸収を持つときには，KBr で希釈してもよい．錠剤を作って回転させると，光による分解を抑えることができる．試料の量が少ない時には，図 3.21(b) のような金属棒の先の中に試料を入れ，測定する方法もある．図 3.21(d) はフィルム状や薄膜の試料に対する

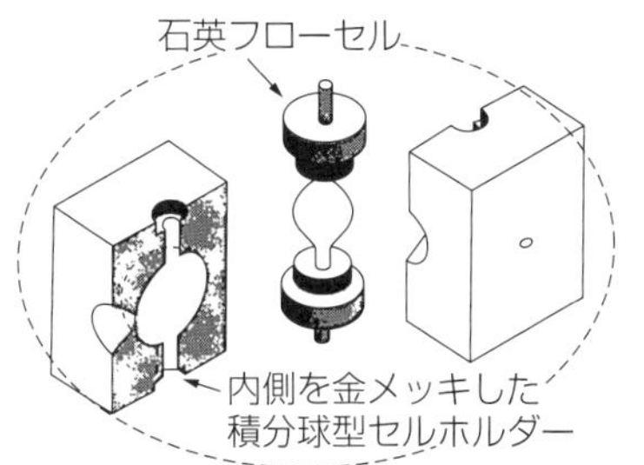

図 3.20 円球型石英フローセルと内側を金メッキした積分球型セルフォルダー

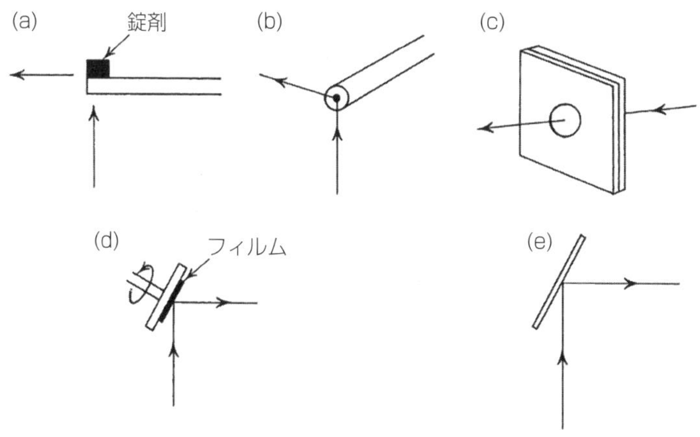

図 3.21 固体試料のラマンスペクトル測定法

【出典】日本化学会編：実験化学講座「分光 I」，第 4 章ラマン分光法，丸善（1990）

測定法である．

3.11.3 温度変化測定

低温でのラマンスペクトル測定やラマンスペクトルの温度変化測定が重要になることがしばしばある．**図 3.22** は低温でのラマンスペクトル測定の装置の例である．低温測定装置は大きく分けて，試料を温度制御された金属ブロックの上に固定するもの（a）と窒素ガスの気流中に置くもの（b）に分けられ

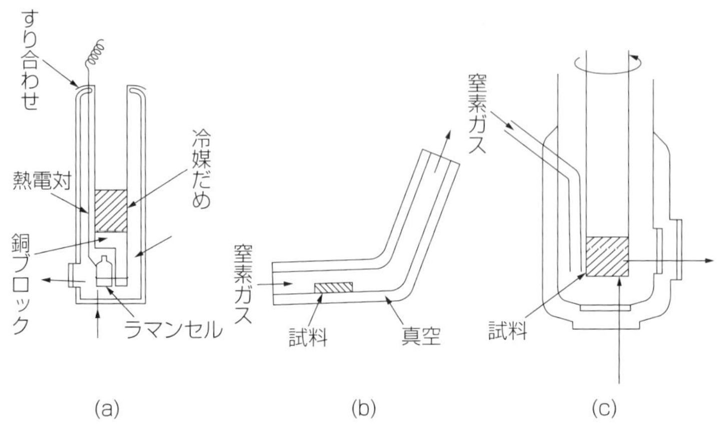

図 3.22 低温でのラマンスペクトル測定法

る．(c) のように回転温度変化セルも提案されている．

ラマンスペクトル測定で注意すべき点

ラマンスペクトルを測定するときに特に注意すべき点を挙げよう．

(1) **励起波長**：まず試料が蛍光を発するのかどうかによって励起波長が決まってくる．非蛍光性のものであれば，ν^4 則があるので，488，514.5，532 nm のようにある程度短波長のものが測定感度の点で有利である．蛍光性のものであれば吸収の多い可視域を避けて，通常は 785 nm の励起光が用いられる．さらにより蛍光を避けて 830，1064 nm のような長波長励起が用いられることもあるが，当然，この場合は測定感度が大きく低下する．共鳴ラマン散乱の場合は電子吸収スペクトルを測定して，吸収極大に近い励起波長を用いる．さらに励起波長依存性の測定が重要になることもある．

(2) **レーザー光による試料の分解，劣化**：強いレーザー光を用いると当然光照射により試料が分解，劣化することがある．また光により，異性化などを起こすこともある．その対策としては，レーザーパワーを下げる，レーザー光をきつく集光させないようにして試料にあてるといったことのほかに，すでに述べたように，試料を回転させる，試料を流す等の工夫が必要である．

3.11.4 偏光ラマンスペクトルの測定

図 3. 23 は偏光ラマンスペクトルの測定法を示す[5)]．いま Y 方向に偏光した入射光を Z 方向に試料に入射させ，X 方向に散乱されたラマン散乱光を観測する場合を考える．レーザー光は偏光しているが，偏光面が Y 方向から少しずれる場合がある．正確な偏光解消度測定のために，入射光をグラン-トムソンプリズムを通して，偏光純度を高めておくことが好ましい．図 3.23(a)，(b) は散乱光の電場ベクトル $\boldsymbol{E}$ が Y 軸方向に平行な場合と Z 軸に平行な場合である．P は偏光子を表し，$\boldsymbol{E}$ が矢印の方向を向いている光のみを透過させる．偏光子としてはポラロイド膜がよく用いられる．偏光子の後に偏光解消子を置く必要がる．(a) の配置で得られるのが，$I_{/\!/}$ (b) の配置で得られるのが，$I_{\perp}$ である．

四塩化炭素の 459，314，218 $\mathrm{cm^{-1}}$ のラマンバンド（図 3.10）の偏光解消度の値 0.006±0.001（この場合は面積を取る必要がある），0.75±0.02，0.75±0.02 を用いて，ラマン分光器が偏光解消度測定のために正しく準備されているかどうかを調べることができる．

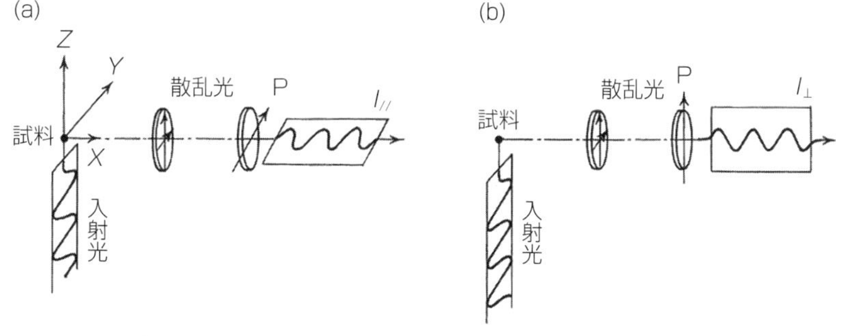

図 3. 23 偏光ラマンスペクトル測定法

【出典】日本化学会編：実験化学講座「分光 I」，第 4 章ラマン分光法，丸善（1990）

3.11.5 波数較正と強度較正

測定したラマンスペクトルを解析する前にまず，測定波数を較正する必要がある（FT ラマンの場合は必要ない）．もっともよく用いられている波数較正法はインデンのラマンスペクトルを測定し，その測定波数とインデンの既知の波数を比較する方法である．インデンのほかに四塩化炭素のラマンバンド（特に低波数部分），希ガスの輝線，レーザーの自然放出線などを用いることもできる．後二者は絶対波数の標準を与える．

ラマン分光計の感度は，回折格子の回折効率や検出器の応答などに依存して波長依存性，偏光特性を示す．したがって研究目的，測定目的によっては感度の補正が必要となる．ラマン分光器の強度補正に良く用いられるのは，重水素分子の回転ラマンスペクトル，白熱電球，キニーネの蛍光スペクトルなどである[1]．

3.12 ラマンスペクトル解析法

せっかくSN比のよいラマンスペクトルが測定できたとしても，ラマンスペクトルの解析がうまくいかないと，有用な情報を抽出することができない．下手をすると間違った情報に振り回されることになる．ラマンスペクトルを解析する場合まず考えなければならないのは，その解析の目的である．定性分析か，定量分析か，あるいは分子構造の研究かといった目的をはっきりさせる必要がある．それによってスペクトル全体を解析する必要があるのか，あるいはその一部だけでよいのかも決まってくる．特定の部分の構造を調べる，あるいは定量分析を行うなどで，マーカーバンドを探すというのも重要になってくる場合がある．さらに測定したラマンスペクトルが非共鳴のラマンスペクトルであるのか，共鳴ラマンスペクトルによるものなのかも考えておく必要がある．それにより現れるバンドも大きく変わってくる．それからスペクトルの解析を進める前に，スペクトルの前処理（スムージングやベースライン処理など）をする必要があるのかどうかも検討しなければならない．

以下にラマンスペクトルの解析法をまとめるが，ラマンスペクトル解析法と赤外スペクトル解析法では共通するものも多い．以下の方法で，ラマンに特徴的なものは7）と8）である．

1）実測振動数とグループ振動数の表を比較してグループ振動を探す．このとき振動数だけでなく，強度についても注意する．

2）類似分子のラマンスペクトルと比較する．必ずしも分子全体が類似している必要はない．分子の一部だけでもよい．

3）温度やpH，溶媒など物質の状態をいろいろと変化させてスペクトルを測定し，元のスペクトルと比較する．たとえばタンパク質中のアミノ酸残基はそれぞれ特有の pK 値をもつので，その付近でpHを変化させると特定のアミノ酸残基によるバンドだけが変化する可能性がある．

4）赤外スペクトルと比較する．

5）差スペクトル，微分スペクトルを計算し，弱いバンドや重なったバンドをはっきりさせる．カーブフィッティングが有用な場合もある．

6）重水素，^{15}N，^{13}Cなどを含んだ同位体置換体のラマンスペクトルを測定し，元のスペクトルと比較する．この方法は特定の官能基や結合によるバンドを同定するのに非常に有効な方法である．

7）偏光ラマンスペクトルの測定．3.7節で解説したように，ラマンバンドの偏光特性と基準振動の対称性との間には密接な関係があるので，あるバンドの偏光特性を知っておくとバンドの帰属に役立つことがある．

8）励起波長依存性の測定，共鳴ラマン散乱やSERS，TERSの解析において特に重要．

9）DFTなどの量子化学計算を行い，スペクトルを再現するとともにバンドの帰属を行う．量子化学計算の例は後に示す．

10）ケモメトリックスの利用を考える．ケモメトリックスの有用性と概論は1.7.3項を参照．

11) MCR-ALS（Multivariate Curve Resolution with Alternative Least Squares）法などを用いてバンド分解を試みる．2.7.7 項を参照．

12) 二次元相関分光法を用いる．バンド間の相関を見たり，帰属を行ったりするときに有用である．

以上いろいろと述べたが，常に基本的に重要なのは 1）－ 3）である．他の方法は必要に応じて用いるとよい．

ここでは 5），9）を用いたラマンスペクトルの解析例について解説しよう．

最初に微分スペクトル（1.7.2 項）とカーブフィッティングをうまく用いた例を示す．**図 3.24** と**図 3.25** は，二次微分の効果を示すよい例である[14]．図 3.24 は 64℃ で測定したポリアクリル酸（**図 3.26**）の FT ラマンスペクトル（1064 nm 励起），図 3.25(a) はその 1800–1600 cm^{-1} の領域の拡大図である．1683 cm^{-1} 付近に C=O 伸縮振動によるバンドが観測されるが，かなりブロードでいくつかのバンドが重なっていると予測された．そこで Dong ら[14]は二次微分スペクトルを計算した．それが図 3.25(b) である．二次微分スペクトルの結果は，1800–1600 cm^{-1} の間に少なくとも 3 本のバンドが存在することを示した．二次微分スペクトルの結果に基づき，Dong ら[14]はカーブフィッティングを行った．その結果，4 本のバンドを仮定したときに，1683 cm^{-1} のバンドを一番うまくカーブフィットできることがわかった．カーブフィッティングの結果から，4 種類の C=O 伸縮振動，すなわちフリーの C=O 伸縮振動，リングダイマーの C=O 伸縮振動，鎖状あるいは横並び水素結合をした C=O 基

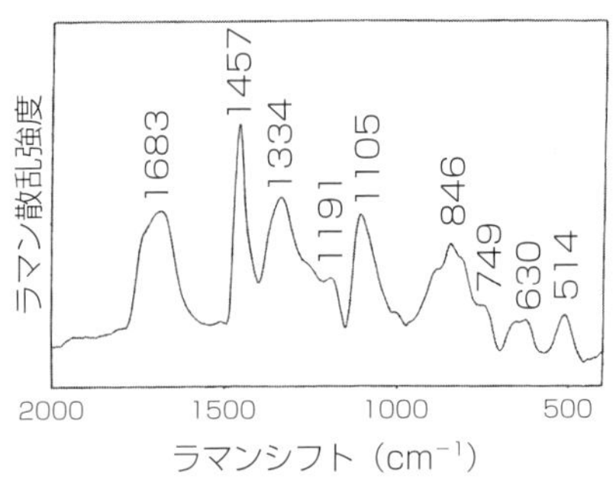

図 3.24 ポリアクリル酸のラマンスペクトル（1064 nm 励起，FT ラマン，64℃）

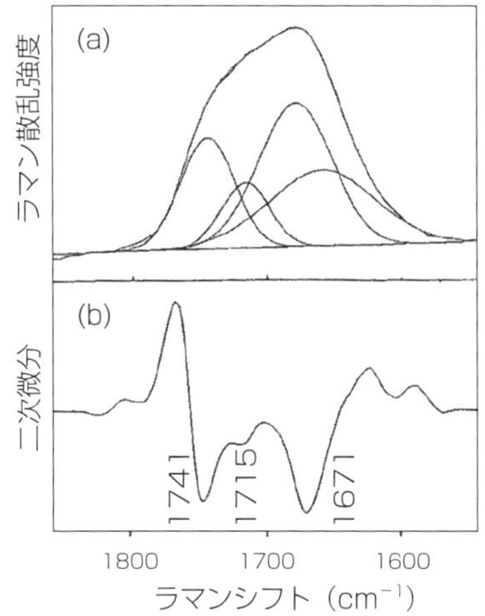

図 3.25 図 3.24 のスペクトルの（a）1800–1600 cm^{-1} の領域の拡大とカーブフィッティングの結果，（b）（a）のスペクトルの二次微分.

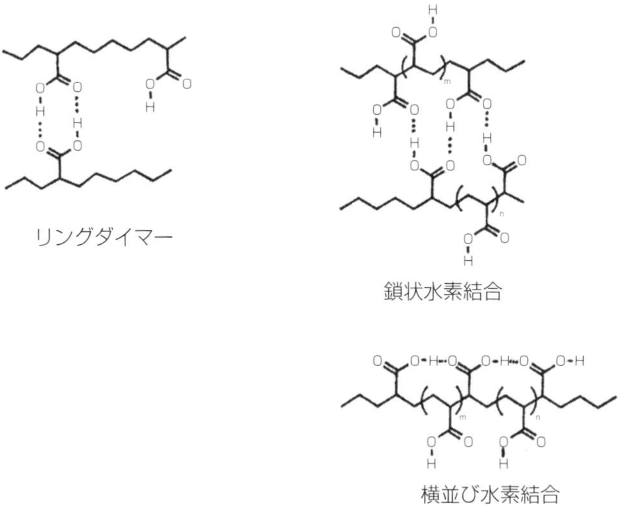

リングダイマー

鎖状水素結合

横並び水素結合

図 3.26 ポリアクリル酸の水素結合.

による伸縮振動が存在することが明らかになった（図 3.26）．

量子化学計算は 1990 年代に大きく進歩した．最初は赤外スペクトルの解析に用いられ，次第にラマンスペクトルの解析にも用いられるようになってきた．**図 3.27** は液体の CH_3CN（a），CD_3CN（b），CCl_3CN（c）の実験ラマンスペクトルと非調和性を考慮した計算スペクトルを比較したものである[15]．計

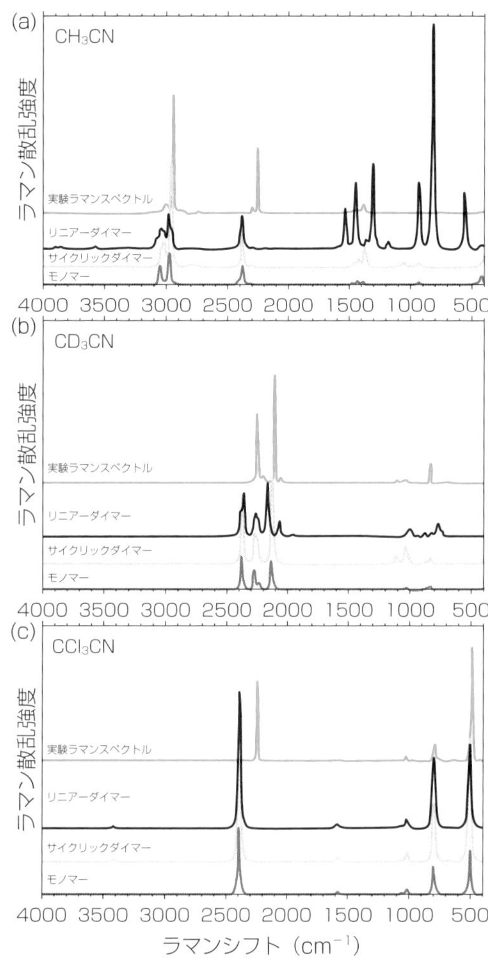

図 3.27 液体の CH_3CN（a），CD_3CN（b），CCl_3CN（c）の実験ラマンスペクトルと非調和性を考慮した計算スペクトル

算は**図 3.28** に示すような，モノマー，サイクリックダイマー（A1，B1），リニア-ダイマー（A2，B2）について行われた．この例のように量子化学計算を用いるとラマンバンドの振動数と強度を再現できる．量子化学計算の結果，サイクリックダイマーの計算スペクトルが実験スペクトルに一番近いことが明らかになった．同様の実験スペクトルと計算スペクトルの比較は赤外スペクトルについても行われ，赤外ラマンの結果を総合して，CH_3CN（a），CD_3CN（b），CCl_3CN（c）は主にサイクリックダイマーを取っていることが明らかになった．

最近は非調和性を考慮した量子化学計算も盛んに行われるようになってきた．ラマンスペクトルの計算はタンパク質や高分子などについても活発に行われている．ラマン光学活性（3.15.2 項）のところで，タンパク質の例を，低波数ラマン（3.15.3 項）のところで高分子の例を示す．量子化学計算はラマンスペクトルを解析するのになくてはならない武器になりつつある．

フェルミ共鳴

ラマンスペクトルを解析する際にしばしば出くわすのが**フェルミ共鳴**であ

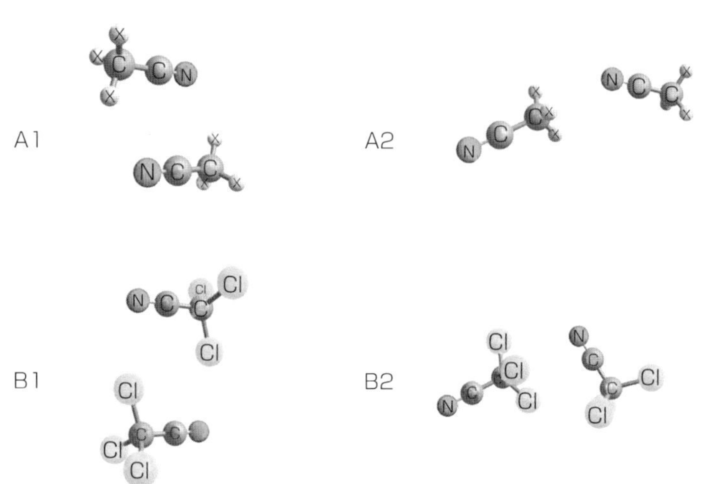

図 3.28 CX_3CN（A1，A2）と CCl_3CN（B1，B2）のサイクリックダイマーとリニア-ダイマー

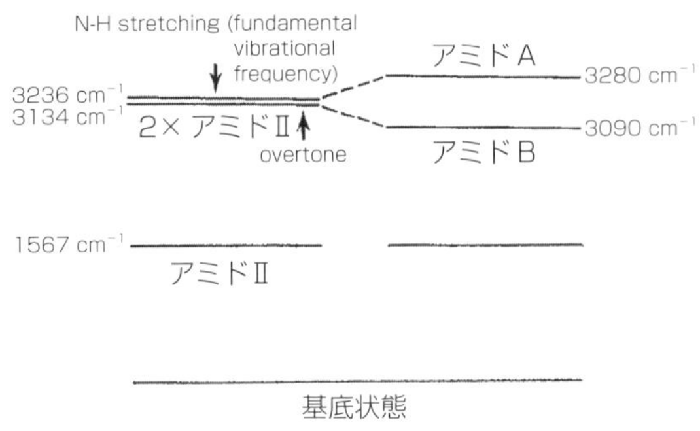

図 3. 29 フェルミ共鳴の例

【出典】A. T. Tu : Raman Spectroscopy in Biology, Wiley–Interscience (1982)

る．一般に基本音の倍音，結合音は非常に弱い．しかしそれらの振動数がたまたま基本音の振動数とかなり近いときに，1本の強い基本音だけが期待される領域に比較的強い2本のバンドが観測されることがある[16]．2本のバンドの振動数は基本音が予測される振動数よりも幾分高めと低めである．この効果をフェルミ共鳴と呼ぶ．**図 3. 29** はフェルミ共鳴の例である[17]．ここではアミドIIの倍音がNH伸縮振動の基本音とフェルミ共鳴を起こす．その結果，アミドA，　アミドBと呼ばれる2本のバンドが観測される．フェルミ共鳴の有名な例にタンパク質のラマンスペクトルでしばしば観測されるチロシンダブレット（850–830 cm^{-1}）と呼ばれるものがある．3.16.5項でその例を示す．

3.13 ラマンスペクトルの前処理法

ラマンスペクトルの前処理法として重要なものは，スムージングとベースライン補正である．ほとんどすべての市販のラマン分光器にはその機能がついている．差スペクトルや微分の計算も前処理の一種と考えてよい．

3.14 ラマンスペクトルに強く表れるバンド

ラマンスペクトルに強く表れるバンドを知っておくとスペクトルを解析するときに役に立つ．

1）多重結合は一般に強いラマンバンドを与える．C≡C，C≡N，C=C，C=N，C=S 伸縮振動など．これらのバンドは伸縮によって分極率（電子雲の体積と考えてもよい）が大きく変化する．

2）原子量の大きな原子を含む結合は伸縮振動による強いバンドを与える．たとえば，S–S，C–S，C–Cl 伸縮振動などはその例である．やはり伸縮によって分極率が大きく変化する．

3）対称伸縮振動は逆対称伸縮振動よりも強い．たとえば COO^- 対称伸縮振動は COO^- 逆対称伸縮振動よりも強く観測される

4）分極率の変化が大きい振動によるバンドは強く観測される．たとえば，ベンゼン環の環呼吸振動（ν_1，図 3.6），ポリエチレンの分子全体が伸びたり縮んだりする振動（アコーディオン振動）は強い．

3.15 いろいろなラマン分光法

ラマン分光法には通常のラマン分光法のほかに，共鳴ラマン分光法，顕微ラマン分光法，時間分解ラマン分光法，非線形ラマン分光法，ラマン光学活性，表面増強ラマン分光法（SERS），チップ増強ラマン分光法（TERS），低波数ラマン分光法など様々な分光法がある．これらの分光法はチップ増強ラマン分光法を除きすべて1970年代に生まれた分光法である．1970年代の様々なレーザーの登場がいかに大きなインパクトを与えたかがわかるであろう．共鳴ラマン分光法についてはすでに述べたので，ここでは顕微ラマン分光法，ラマンイメージング，ラマン光学活性，低波数ラマン分光法，SERS，TERS，非線形ラマン分光法について解説する．時間分解ラマン分光法については少し触れるにとどめる．

3.15.1 顕微ラマン分光法

顕微ラマン分光法は光学顕微鏡レベルで行うラマン分光法である．最近のラマン分光測定の約1/3は顕微ラマン測定だと言われている．**図3.30**は顕微ラマン分光装置を示す．顕微ラマン分光装置は，基本的にはラマン分光器と光学顕微鏡を合体させたものである．分光器，顕微鏡，検出器のすべてが大きく発展し，最近は空間分解能が300 nmの装置も市販されている．顕微ラマン分光装置では，対物レンズを照射および集光の両方の目的に用いるため，一般に後方散乱でラマンスペクトルを測定する．顕微測定の場合，対物レンズから試料までの距離が数mm以下になる．この距離は通常のラマン測定の場合と比べると非常に小さくなるので，しばしば実験の制約になる．対物レンズの配置には試料の上方に対物レンズを配置する正立配置と，下方に配置する倒立配置が

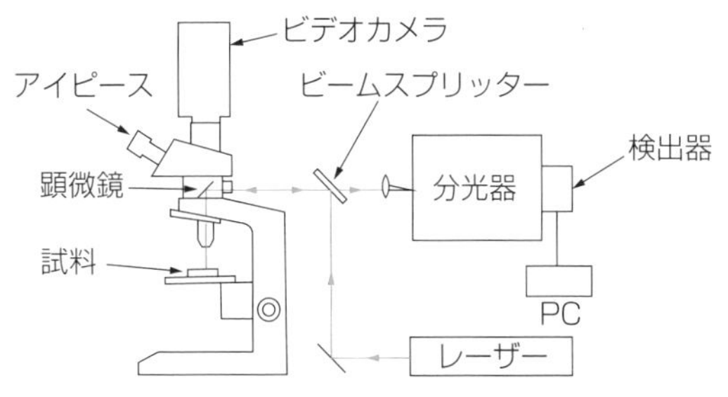

図 3.30 顕微ラマン分光装置の概略図

ある．

深さ方向の物質の分布を調べるときは，対物レンズまたは試料ステージの高さを変えながらラマンスペクトル測定を行う．深さ方向の空間分解能は通常，10 μm 程度である．共焦点配置の光学系を用いると深さ方向の高い分解能（数 μm）が得られる．共焦点配置の場合は，対物レンズの焦点面に共役な鏡面にピンホールを置き，対物レンズの焦点面のある一点を光源とする散乱光のみをピンホールを通過させる．

ラマンイメージングも活発に用いられている[18]．ラマンイメージングでは試料上を励起光が走査する走査系を組み込むことで，成分や物性（結晶化度など），分子構造などの空間分布を調べることができる．ラマンイメージングには，共焦点ラマンイメージング，ライン照明ラマンイメージング，広帯域照明ラマンイメージングがあるが，それぞれに長所短所がある．共焦点ラマンイメージングでは，観察対象上のある 1 点に対応する共焦点位置にピンホールを置き，その点からの散乱光を効率よく検出する．イメージングを行う際は，試料をステージスキャンにより動かし各点からの信号を取得するか，ガルバノミラー等を用いて焦点位置を走査させ試料上の各点からの信号を取得する．ライン照明ラマンイメージングでは，ライン照射により，行列の行を波長に対応した情報を与える並びとして用い，列を試料上の空間分布に対応した並びとして用いる．このように，2 次元検出器全面を利用するのがライン照明ラマンイメージングである．試料全体を照射する手法を利用した方法を広帯域照射ラマンイメージングという．全体照射により得られる各点からのラマン散乱光は，

2次元検出器の各素子上に結像される．試料全体をワンショットで照射することにより，イメージング作成時間を大幅に短縮することができる．

3.15.2 ラマン光学活性

光学活性な分子は右円偏光，左円偏光の励起光に対してわずかに強度の異なるラマン散乱光を与える（**図 3.31**）[19]．**ラマン光学活性（ROA；Raman Optical Activity）**は左右円偏光に対するラマン散乱光強度の差として定義される．励起レーザー光が右円偏光の時に測定されたラマン散乱強度 ^{R}I と左円偏光の時のラマン強度 ^{L}I との差（$^{R}I-^{L}I$）がROA信号強度である．一方，ラマン信号は $^{R}I+^{L}I$ である．ROAの測定対象分子が光学活性である場合，このROA信号は正または負の値を持つ．この差はラマン光強度全体（$^{R}I+^{L}I$）と比べて 10^{-3} 以下と非常に小さいので，ROAの測定は一般には容易でない．

ROAは簡単な分子だけでなく，タンパク質，アミノ酸，DNA，糖，脂質などの研究にも用いられている．また，固体表面でのROA測定も可能である[20]．さらに薬剤の高感度絶対配置分析，タンパク質中に存在する発色団のROAの研究などもある．**図 3.32** はインスリンの結晶構造（PDB；2A3G）および溶液中での実測ROAスペクトルと結晶構造に基づく量子化学計算スペクトルを比較して示したものである[19]．この例のようにタンパク質のROAスペクトルの解析には量子化学計算が用いられる．多くの結晶構造既知のタンパク質のROA測定から，二次構造に特徴的なROAバンドの帰属がなされてお

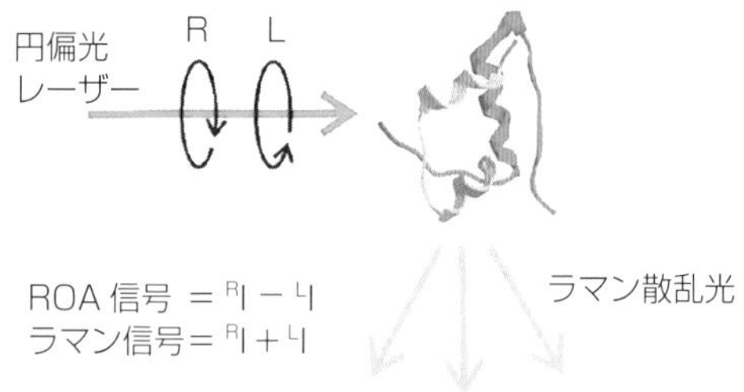

図 3.31 ラマン光学活性（ROA）の原理

【出典】山本茂樹：分光研究，62，159（2013）

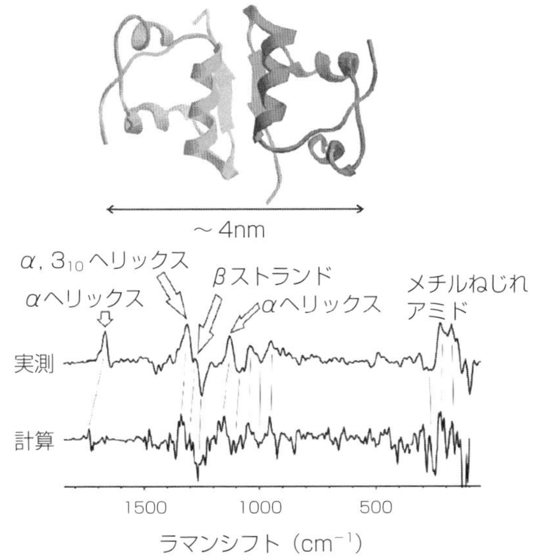

図 3.32 インスリンの結晶構造および溶液中での実測 ROA スペクトルと結晶構造に基づく量子化学計算スペクトルの比較

【出典】山本茂樹：分光研究，62，159（2013）

り，ROA スペクトルから二次構造を特定することが可能である．特に興味深いのは，"水和した α ヘリックス"や PP–II ヘリックス構造に特徴的な ROA ピークなどが特定できる点である

3.15.3 低波数ラマン分光法

低波数ラマン分光法は，はっきりした定義はないが，おおよそ 300 cm^{-1} 以下のラマンスペクトルを扱う分光法と考えてよい．低波数ラマン分光法は何も今に始まったわけではなく，1960 年代にはすでに 300–100 cm^{-1} の領域のラマンスペクトルは測定されていた．最近，低波数ラマンスペクトルの測定が盛んになったのには，2 つの大きな理由がある．1 つはレイリー光を鋭くカットするノッチフィルターやエッジフィルターという優れたフィルターが開発されたことがある．もう 1 つはテラヘルツ分光が非常に発展し，その相補的な分光法

として低波数ラマン分光法が注目を集めたという理由もある．低波数ラマンの専用器も市販されるようになった．低波数ラマンはテラヘルツラマンとも呼ばれるが，誤解を招く可能性がある．低波数ラマンやテラヘルツ分光法で観測されるのは骨格変角振動，分子間振動，格子振動などで，低波数振動の研究から分子間相互作用などに関する知見が得られる．ここではナイロン 6（α–結晶）の低波数スペクトルの解析を紹介しよう．**図 3.33** はナイロン 6（α–結晶）の（a）ラマンスペクトル（400–70 cm^{-1}）と（b）遠赤外スペクトル（380–50 cm^{-1}）を比較したものである[21]．あわせて量子計算結果も示した．計算結果は実測スペクトルを見事に再現している．計算は DFT 計算に分子断片化法と呼ばれる方法を合わせ用いて行った．分子断片化法は高分子を断片化して計算する方法である．この方法では分子間相互作用と結晶の対称性を明確に考慮できる．ラマンと遠赤外（図 3.33）で～100 cm^{-1} に観測されるバンドは，メチレン基のねじれ振動とアミド基の横方向の振動（そこでは NH と O 原子がアミド面外に動く）に帰属された[21]．遠赤外の 222 cm^{-1} のバンドもやはりメチレン基のねじれ振動とアミド基の横方向の振動に帰属された．222 と 111 cm^{-1} の両方のバンドがメチレンとアミド基の垂直方向の運動を含んでいる．このことが，両方のバンドが，α 型ナイロン 6 の分子間相互作用に敏感であることの

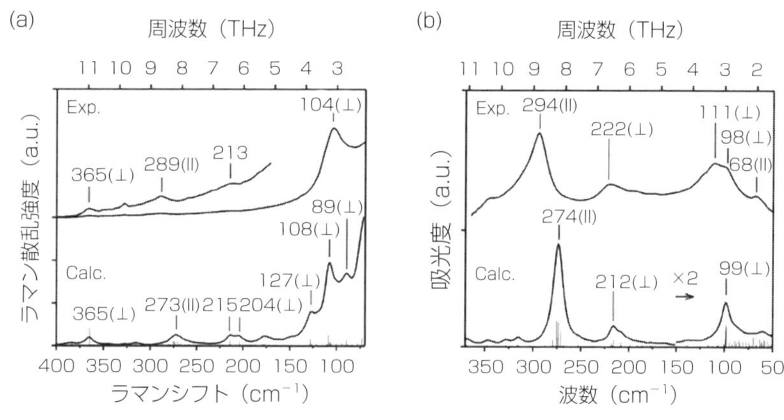

図 3.33 ナイロン 6（αー結晶）の（a）ラマンスペクトル（400–70 cm^{-1}）と（b）遠赤外スペクトル（380–50 cm^{-1}）．実測スペクトルと量子化学計算スペクトルの比較

理由である．山本，佐藤[21]らはさらに結晶性ポリエステルとナイロンの低波数スペクトルを比較し，両者が 100 cm^{-1} 付近に面外振動モードを共通して示すことを明らかにした．このバンドは高分子鎖間の格子の長さに敏感であることがわかった．

3.15.4 表面増強ラマン散乱

(1) 表面増強ラマン散乱（SERS）現象の発見

SERS の現象が発見されたのは 1977 年のことである（1974 年の Fleischman ら[22]による荒い銀電極表面上に吸着したピリジンの異常に強いラマンバンドの発見を SERS の発見とみることもできるが，彼らは銀電極表面上の吸着ピリジンの増加と考え，特に新たな現象を発見したと考えなかった）．この年，アメリカの Van Duyne ら[23]とイギリスの Creighton ら[24]が独立に銀表面に吸着した分子が驚異的に強いラマン散乱を示すことを確認し，その増強が単に吸着した分子数の増大によるものではなく，新たな現象の発見であることを報告した．**図 3.34** に Van Duyne らの実験結果を示す[23]．彼らは 0.05 M のピリジンと 0.1 M の KCl を含む水溶液から銀電極表面に吸着したピリジンのラマンスペクトルを測定した．図 3.34(a) は 0.1 MKCl 水溶液中の銀電極のラマンスペクトル，(b) は 0.05 M ピリジンと 0.1 MKCl を含む水溶液のラマンスペクトルである．(b) のスペクトルには 1037 と 1005 cm^{-1} にピリジン環の全対称振動によるラマンバンドが観測されている．彼らはこの系の銀電極に −300 から +200 mV（SCE）までの電位を周期的にかけ，酸化/還元サイクル（ORC）によって銀電極の比表面積を増大させた．図 3.34(c) は ORC 処理をした銀電極（−0.2 V）へ (b) と同じ水溶液から吸着したピリジンのラマンスペクトルである．(c) のスペクトルは，(b) のスペクトルの 1/9 のレーザーパワーで測定されたにもかかわらず，観測されたラマン散乱強度は著しく強い．また 1000 cm^{-1} 付近のバンドだけではなく，3067 cm^{-1}（CH 伸縮振動）や 1595 cm^{-1}（ピリジン環の環伸縮）にも明確にラマンバンドが観測されている．レーザーパワーや吸着ピリジンと水溶液中のピリジンの分子数の違いを考慮に入れると，吸着によるラマン散乱強度の増大は，10^5～10^6 程度と見積もることができ

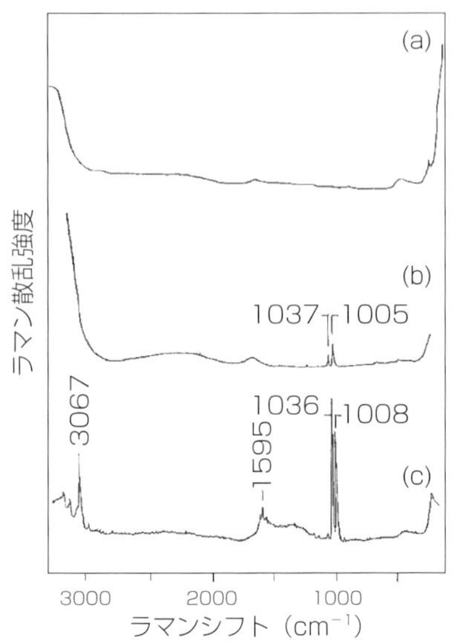

図 3.34 (a) 0.1 MKCl 水溶液中の銀電極のラマンスペクトル，(b) 0.05 M ピリジンと 0.1 MKCl を含む水溶液のラマンスペクトル，(c) ORC 処理をした銀電極（−0.2 V）へ (b) と同じ水溶液から吸着したピリジンのラマンスペクトル

【出典】D. L. Jeanmaire, R. P. Van Duyne : J. Electroanal. Chem, 84, 1 (1977)

た．ORC 処理によって銀電極の比表面積は 10 倍程度増大するが，10^5～10^6 倍のラマン散乱の増大はとてもそれだけでは説明できない．そこで Van Duyne ら[23]（Creighton ら[24]も独立に）は，これは何か新しい現象が起こっていると考え，SERS と名付けた．

SERS は一般に，金，銀，銅などの貴金属表面，金属ナノ粒子，金属電極，さらには半導体などの表面上に吸着したある種の分子のラマン散乱強度が，その分子が溶液中にあるときよりも，著しく増強される現象をいう．

(2) SERS の特徴とメカニズム

SERS は次のような特徴をもつ[25-28]．

(1) 銀，金だけでなく，銅，白金，ニッケルなどでも SERS は起こるが，自由電子が豊富な金，銀において増強効果が特に顕著である．

(2) 金属表面の粗さが SERS 発現に重要である．

(3) SERSスペクトルは一般に明確な励起波長依存性を示す．
(4) SERS強度は金属表面に吸着した分子の配向に依存する．また金属表面からの距離に依存する．
(5) 窒素原子やイオウ原子などの孤立電子を含む分子は強いSERSを与え，そのスペクトルは共鳴ラマンに特有な非全体対称モードが現れる．

SERS発現のメカニズムについてその論争の発端となったのは，ORC処理した銀電極上のピリジンのSERSバンドの励起波長依存性の研究であった[29]．ピリジンの1008 cm^{-1}のバンドは750 nm付近の励起光を用いたときに最も強くなった．この波長は同じ電極表面の反射スペクトルのバンドの極大とほぼ一致した．この実験結果からSERSのメカニズムについて2つの考え方が提出された．1つは表面プラズモンモデル（Surface plasmon：SP，今日，電磁場増強機構と呼ぶ）と呼ばれるものである．その当時このモデルでは，反射スペクトルを励起光が粗い銀表面に当たることによって生じるSPの吸収であるとみなし，SERSは吸着分子（この場合ピリジン）の分子振動とSP励起とのカップリングによって発現すると考えた．もう1つのモデルは電荷移動（Charge transfer：CT）モデル（今日，化学増強機構と呼ぶ）と呼ばれるもので，このモデルでは，反射スペクトルをAg/Cl^{-}/ピリジン錯体の吸収によると考え，この吸収に起因する共鳴ラマン効果によりSERSが起こると解釈された．その後，長い間論争が続いたが，SERSのメカニズムの研究が大きく前進したのは，単一分子のSERSの研究であった．SERSによる単一分子のラマンスペクトルの測定を初めて報告したのは，MITのKneippら[30]（1996）とインディアナ大のNieら[31]（1997）である．単一分子のラマンスペクトルの測定により，SERS発現の機構解明の研究とSERSの応用研究が大きく進んだ．Xuら[32]は，金属ナノ粒子2量体に吸着した単一分子のSERS測定が可能であることを実証した．この2量体を用いると，“単一分子SERSを引き起こしている電磁増強因子とプラズモン共鳴との関係”が観測可能であると考えられた．

今日，SERSのメカニズムは基本的にはほぼ解明されたと考えてよい[25,28]．SERS発現には電磁場増強機構と化学増強機構の両方が関与しているが，その関与の程度は一般には前者がはるかに大きいということがわかっている．SERSの機構については後にもう一度説明することとして，次にSERSの応用について概観しよう．

(3) 応用面から見たSERSの利点

次に応用面から見たSERSの利点をまとめておこう．大きく分けて3つある．

(1) 感度が極めて高い．後にも述べるように単一分子のラマンスペクトルの測定も可能である．高感度の利点を生かすと極微量物質の同定や検出が可能となる．

(2) 選択性が非常に高い．ここで言う“選択性”には2つの意味がある．1つは金属表面に吸着した分子だけがSERS効果を示し，吸着しない分子はそれを示さないという意味の選択性である．もう1つの意味は，吸着した分子の中でも吸着部位によるラマンバンドが特に強いSERS効果を示すという選択性である．一般に吸着部位から遠い位置にある官能基によるバンドは強いSERS効果を示さない．

(3) 蛍光が弱くなる．SERS効果により蛍光のバックグラウンドが弱くなり，本来，蛍光に隠れていたラマンバンドがはっきりと観察されるようになる．

SERSは吸着分子の構造や配向の研究といった基礎科学分野への応用（物理化学，表面科学，触媒反応，生命科学，ナノ物質科学など）から，超高感度分析，その場分析といった現場への応用（生物医学，バイオテクノロジー，食品分析，オンラインモニタリング，犯罪科学などの分野で実用化を目指した研究が活発に行われている）に至るまで幅広い分野に応用されている．最近，SERSの研究はTERSの研究やプラズモニクスの研究へも繋がっている．

(4) 表面増強ラマン散乱の機構[25-28]

金属ナノ粒子はサイズや形状に依存して紫外域から近赤外域に強い共鳴を示す．この共鳴は金属粒子内の伝導電子の集団振動によるもので，表面プラズモン共鳴（surface plasmon resonance，SPR）と呼ばれる．金属ナノ粒子に励起光が照射されると（**図 3.35**(a)）SPRが起こり，金属ナノ粒子の周りは強い電場でおおわれる．このような2個の金属ナノ粒子が近づくと，その接点に極めて強い増強電場が生じる（図 3.35(b)）．その接点に 1～数個の分子が吸着すると（図 3.35(c)），著しい SERS 効果が生じる．**図 3.36**(a)，(b) はFDTD（finite difference time domain）法で計算された近接した 2 個の銀ナノ粒子間に生じる増強電場である．ここで注目されるのは，増強電場が強い偏光依存性

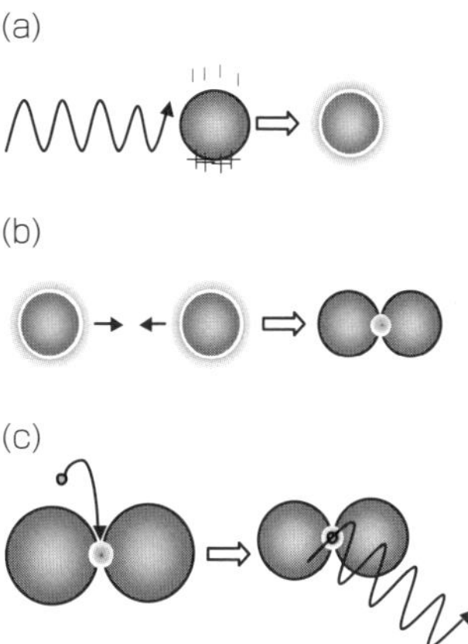

図 3.35　SERS のメカニズム

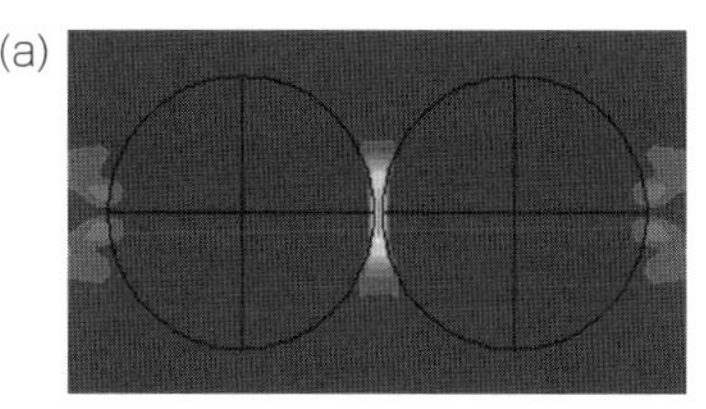

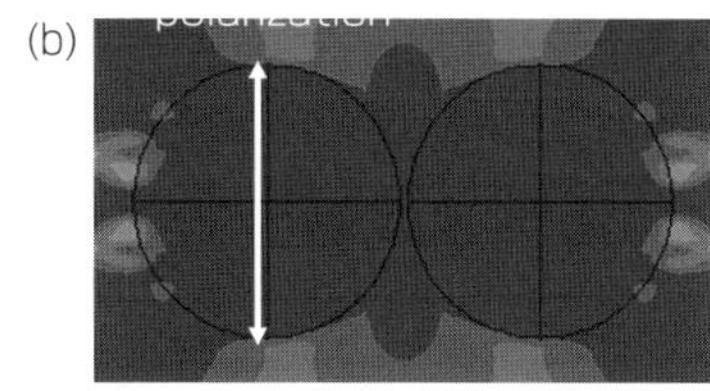

図 3.36　(a)，(b) FDTD 法により計算された近接した 2 個の銀ナノ粒子間に生じる増強電場

口絵 3 参照

を示すことである．この偏光依存性は銀ナノ粒子が近接するとSPRが2粒子の長軸方向と短軸方向に分裂することにより生じる．ところで，単一分子のラマンスペクトルを測定するためには10^{14}〜10^{15}倍程度のラマン散乱断面積の増大が必要である．ところが増強電場によるその増大は10^{8}〜10^{10}倍程度である．その差は共鳴ラマン散乱による増大（10^{3}〜10^{4}倍）あるいは化学増強機構（〜10^{3}倍）により説明される．

(5) 表面プラズモン共鳴と表面増強ラマン散乱

上で述べたように，SERSの機構を解明するためにはSPRとSERSの関係を調べる必要がある．銀ナノ粒子凝集体がたくさん集まったものを用いてSPRとSERSとの関係を調べると（集団測定），個々の凝集体からの情報の足し合わせが得られるので，両者の関係について厳密に研究することはできない．一方，単一の銀ナノ粒子凝集体についてSPRスペクトルとSERSスペクトルとを測定すると，両者の関係を直接調べることができる．そこで伊藤ら[25,28]は同一の単一銀ナノ粒子凝集体からSPRスペクトルとSERSスペクトルを測定できるSPR-SERS分光システムを独自に構築した．**図3.37**にそのシステムの概略図を示す．このシステムは，SPR励起用ハロゲンランプ，SERS励起用レーザー光源，暗視野照明顕微分光装置，SPR，SERS像測定用CCD検出器，SPR，SERSスペクトル測定用分光器からなる．それぞれのスペクトルの測定は，SPRまたはSERS像の結像面にピンホールを作り，単一銀ナノ粒子凝集体のみからの散乱光を選択的に検出することによって行った．

伊藤ら[25,28]は，プラズモン共鳴を平均化することなく，単一ナノ粒子凝集体（2量体）を用いて電磁増強理論の検証が可能だとの着想を得た．そのため上述の装置にさらに単一のナノ粒子2量体の電子顕微鏡測定が可能な実験装置系を加え，電子顕微鏡測定，SPR測定，SERS測定を行った．次に実験結果を計算条件としてSERSの再現を電磁解析計算（有限差分時間領域法（FDTD）法）で行った（**図3.38**）．具体的には実験的に観測されたプラズモン共鳴を計算で再現し，再現したプラズモン共鳴から状態密度向上効果を導き，SERSスペクトルを算出した．この算出されたSERSスペクトルと実験で得られたSERSスペクトルとを比較することで電磁増強効果の定量的検証を行った．図

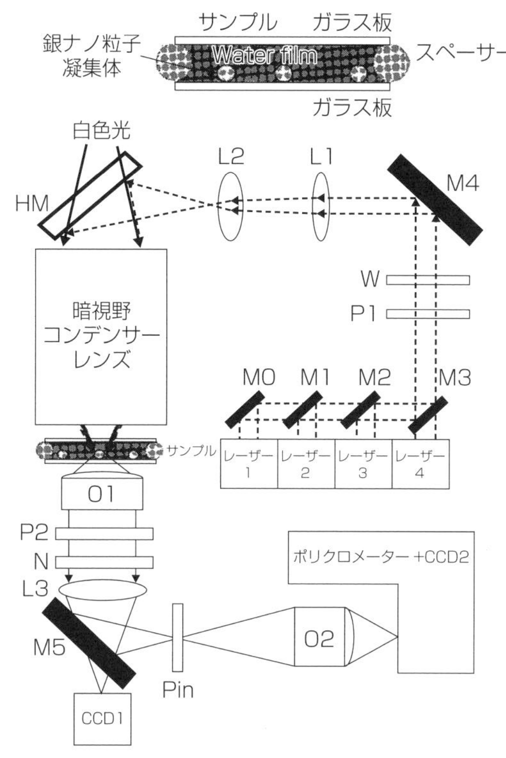

図 3.37 同一の単一銀ナノ粒子凝集体から SPR スペクトルと SERS スペクトルを測定できる SPR-SERS 分光システム[25)]

3.38を用いて検証結果を説明する[25)]．実験と計算に用いた銀ナノ粒子2量体をそれぞれ図3.38(a)と(f)に示す．SERSを引き起こしているプラズモン共鳴は，実験と計算（図3.38(b)，(g)）とでよく一致した．図3.38(c)～(e)は，1つの2量体について3つの励起波長（532，561，633 nm）で測定したローダミンのSERSスペクトルである．図3.38(h)～(j)は計算で再現されたSERSスペクトルである．実験のSERSスペクトルの励起波長依存性が計算によって完全に再現されているのがわかる．たとえば，532 nm励起においてはSERSの基本音（～560 nm）と禁制である倍音（～630 nm）が似た強度となっている興味深い現象を再現している（図3.38(c)，(h)）．さらに633 nm励起においては，アンチストークス側のSERSバンド強度がストークス側のSERS

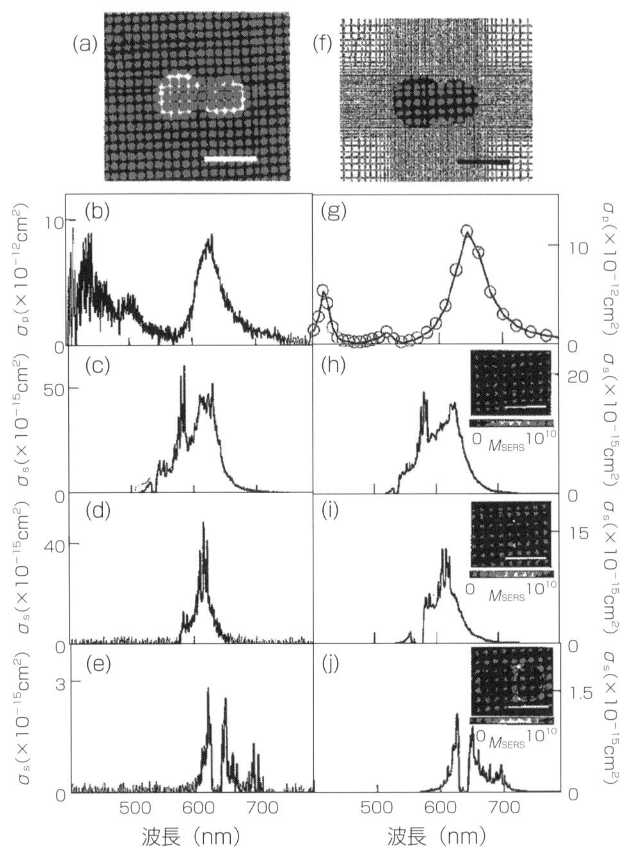

図 3.38 単一のナノ粒子２量体の電子顕微鏡測定（a），SPR 測定（b），SERS 測定（c，d，e），FDTD 計算で用いた２量体モデル[25)]（f），および FDTD 計算による SPR（g）と SERS（h，i，j）の再現

バンド強度を超えるという異常現象を再現している（図 3.38(e)，(j)）．以上のように伊藤ら[25,28)]は電磁増強効果が SERS 発現において支配的であることを実証した．

3.15.5 チップ増強ラマン散乱

一般に SERS ではラマン散乱を測定する場所のコントロールが難しい．測定点を任意に選んで測定を行うことは困難である．そこで走査プローブ顕微鏡（scanning probe microscope：SPM）とSERSの手法を組み合わせ，ラマン散乱を増強する場所をコントロールする方法が開発された，それが**チップ増強ラマン散乱**（**Tip-enhanced Raman scattering：TERS**）である[27,33]．**図3.39**にTERS装置の概略図を示す．この図に示すように，TERSはSPMに使われるカンチレバーや金属ナノ探針に金や銀を用いて，その先端で増強ラマンを測定しようというものである．

TERSには，以下のような特徴がある．

(1) 高感度

SERSと同じ増強原理を用いることで，通常のラマンよりもはるかに高い感度を持つ．近年では，単一分子のTERS測定例も報告されている．

(2) 高空間分解能

通常の顕微分光測定では，空間分解能は光の回折限界によって決まる．しかし，TERSの空間分解能はナノ探針の先端半径によって決まる．そのため光の回折限界を超えた，数nmに迫る空間分解能が達成可能である．

(3) イメージング測定

TERSは，チップを走査して測定することで非常に分解能の高いイメージング測定が可能である．走査プローブ顕微鏡と同時に測定していくことも可能で

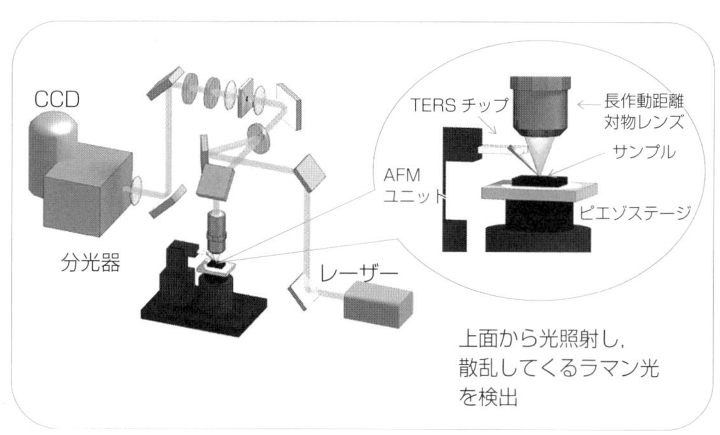

図3.39 TERS装置の一例の模式図

あり，測定対象の形状や物理的特性のイメージングとTERSイメージングの同時測定も可能である．

TERSは，チップ近傍の数nm～数10 nm程度の範囲からの増強ラマンを測定する．このことから，TERSはタンパク質などの単分子やグラフェンやカーボンナノチューブ単体などのような微小物質の測定，単分子膜の測定などに威力を発揮する．16節6）でTERSを用いたグラフェンの研究例を紹介する．

3.15.6 時間分解ラマン分光法

時間分解ラマン分光法は刻一刻と時間の経過とともに変化するラマンスペクトルを測定するものである[34)]．現在ではピコ秒，フェムト秒時間分解ラマン測定が中心である．時間分解ラマン分光法は電子励起状態，ラジカル，反応中間体の研究などに用いられる．レチナールの光異性化の研究などは有名な例である．光源にはパルス光源が用いられ，ポンプ光によって研究対象となる過渡分子種を発生させ，次にプローブ光で過渡分子種のラマンスペクトルを測定する．

3.15.7 非線形ラマン分光法

非線形ラマン散乱の歴史は，1962年までさかのぼる[35)]．その後，レーザーの進歩が遅々としていたので，非線形ラマン分光法が幅広く用いられるようになったのは，比較的最近のことである．非線形ラマン分光法はパルスレーザーが作り出す強い光電場を利用するもので，通常の線形ラマン分光では不可能なさまざまな新しい実験が可能となる．非線形ラマン分光法の中にもいろいろな方法があるが，**コヒーレントアンチストークスラマン散乱**（**Coherent Anti-Stokes Raman Scattering, CARS**）が最近特に注目されている[35)]．CARSでは振動数，ω_1，ω_2に調整した2色の連続可変レーザーを用いる．この2つの光線が，試料中で位相整合角度θで交差すると，振動数，$\omega_3=2\omega_1-\omega_2$のコヒーレントアンチストークス散乱が三次の非線形分極によって生じる．生じた散乱光の強度は，振動数の差（$\omega_1-\omega_2=\varDelta$）がラマン活性な分子振動数と一致したときに大きく増大する．したがってω_1の振動数を固定し，ω_2の振動数を変化させると，ラマンスペクトルが得られる．CARSの長所は，i）蛍光を回避できる．ii）レーザー光が強く集光された部分からしか信号が発生しない．このため顕微イメージングの場合，共焦点顕微鏡のようにピンホールを導入せずとも，高い三次元空間分解能が得られる．iii）入射レーザー光の波長を1000 nm以上に取ることができるので，生体組織の顕微イメージング測定で侵入長を長くとることができる．iv）2つの入射レーザー光の偏光や検出側の偏光を独立に制御できるので，多彩な偏光測定ができる．

最近，CARS顕微鏡が生細胞や生体組織の研究に活発に用いられている[35]．

3.16 ラマン分光法の応用

ラマン分光法の応用は，他の分光法の場合と同様に，大きく分けて物理化学的応用と分析化学的応用に分けられる[1,3,4,18,19,27,33–35]．

(A) 物理化学的応用

(1) 分子の構造，化学結合，分子間相互作用，配向

(2) 分子の反応，励起状態，ダイナミクス

(3) 物質の機能

(4) 表面，界面現象，溶液化学

(B) 分析化学的応用

(1) 物質の同定

(2) 定量分析，定性分析，判別分析

(3) 物性測定，予測

(4) モニタリング

(5) 品質評価

表 3.1 ラマン分光法の“超の世界”への挑戦

超高速	ピコ秒，フェムト秒で反応中間体，励起状態などの研究が可能
超微量	サブピコグラムオーダーで物質の同定もできる
超微小	チップ増強ラマン散乱を用いれば，数 nm の空間分解能で分子の研究が可能
超薄膜	単分子膜の構造，配向の研究
超高圧	超高圧下での物質の構造研究
生体物質	超高精度に組織化されたという意味では，生体物質の研究も“超の世界”への挑戦である．

(6) イメージング

言い換えると，ラマン分光法の応用は基礎科学への応用と現場の応用に分けられる．基礎科学への応用は，化学，材料科学，応用物理学，ナノサイエンス，生命科学，医学，薬学への応用が中心であるが，地球科学（地質学，鉱物学など）への応用もある．現場での応用としては，オンラインモニタリング，工業製品，農作物の品質管理，食品分析，宝石の鑑定，犯罪科学，環境分析，文化財，美術品の鑑定などがある．ラマン分光法の応用は限りなく広がりつつある．2019 年 6 月に日本薬局方にラマンスペクトル測定法が収載された．ラマン分光の現場での応用がますます勢いづくと思われる．

表 3.1 は，ラマン分光法の“超の世界”への挑戦をまとめたものである．超高速，超微量，超微小，超高圧などラマン分光法の“超の世界”への挑戦はこれからもますます発展する．ラマン分光法の応用は，このあと具体例を挙げて説明する．

3.16.1 ハンドヘルドラマンを用いた現場計測

数種類のハンドヘルドラマン分光器が市販されている．大きさはまさに手のひらに乗る大きさで，重さは 0.9～1.8 kg 程度である．励起波長は 785，830，1064 nm あたりが用いられている．波数分解能は数 cm^{-1}～10 cm^{-1} 程度で，通常の現場での測定にはまったく問題がない．主な用途は，原材料検査，錠剤検定などである．**図 3.40** はその利用例を示す．今後，建築現場や圃

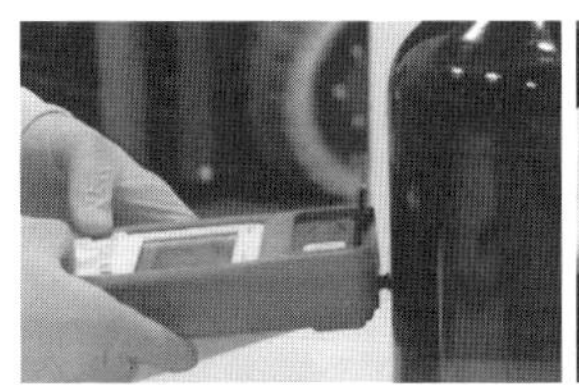
ボトル外側からの測定

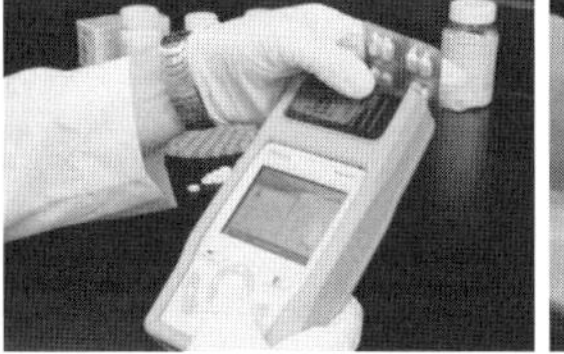
錠剤の検定

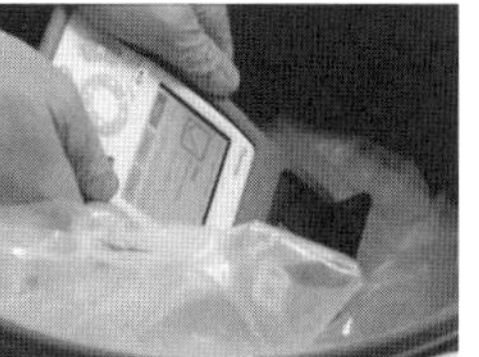
原材料の確認

図 3.40 ハンドヘルド分光器を用いたラマン測定の例

【出典】Thermo Fisher Scientific 株式会社の許可を得て転載

場などでも用いられよう.

3.16.2 ラマン分光法の食品への応用

ラマン分光法はいろいろな食品の分析にも応用されている.各種定性定量分

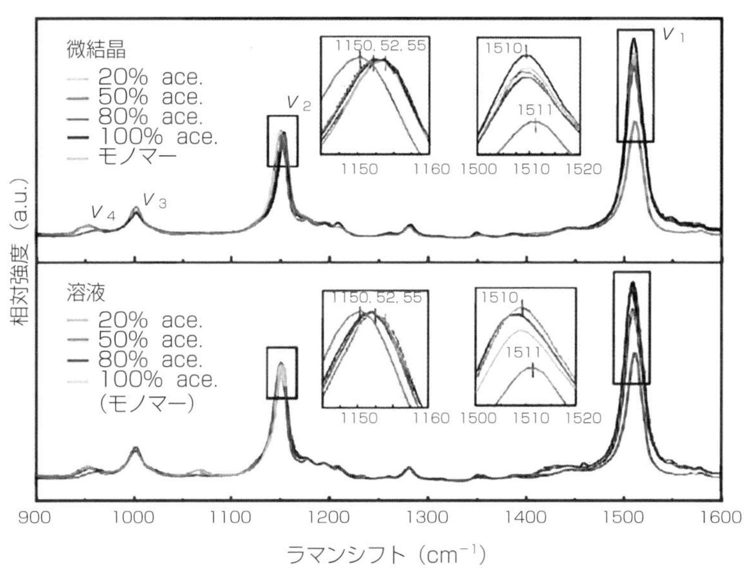

図 3.41 トマトから抽出したリコペンの微結晶とリコペンアセトン溶液の共鳴ラマンスペクトル (532 nm 励起)[36]

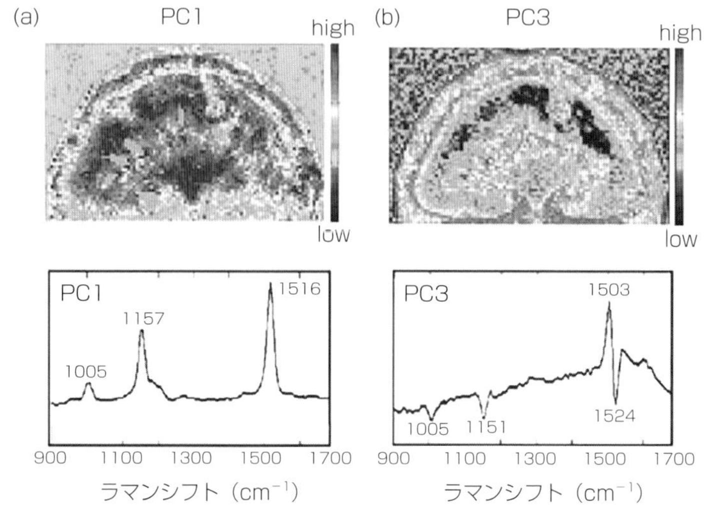

図 3.42 トマトの中のリコペンの（a）H 会合体，（b）J 会合体のラマンイメージング．これらのイメージングはトマトのイメージングデーターセットに主成分分析をかけて得たものである[36)]．

口絵 4 参照

析のほかに，食品の特性や劣化評価，食品への異物の混入，着色料の同定とその分布，加工食品中の成分分布，食品内の水分分布など広範囲な応用が見られる．ここでも顕微ラマンが活躍している．ここでは共鳴ラマン分光法を用いたトマトの研究例を紹介しよう．**図 3.41** はトマトから抽出したリコペンの微結晶とアセトン溶液の共鳴ラマンスペクトルである（532 nm 励起）[36)]．図 3.41 の5つのスペクトルで 1152 cm^{-1} 付近と 1510 cm^{-1} 付近に観測されるバンドは，C–C，C=C 伸縮振動によるバンドである．C=C 伸縮振動によるバンドの振動数は，会合体形成に敏感で，J 会合体を形成しているときには 1510 cm^{-1} 付近に，H 会合体を形成するときには 1520 cm^{-1} 付近に観測される．図 3.41 の条件ではリコペンが J 会合体を形成していることを示す．**図 3.42**(a)，(b) はトマトのラマンイメージングの結果である[36)]．これらのイメージングはトマトのイメージングデーターセットに主成分分析をかけて得たものである．主成分分析の結果から，(a)，(b) はそれぞれ，H 会合体，J 会合体の分布であることがわかる．

3.16.3 ラマン分光法の薬学，医薬品への応用

ラマン分光法の薬学，医薬品への応用は，薬品の結晶多形，薬剤変性（結晶転移）などの基礎研究から原材料検査（図 3.40），製造工程のリアルタイムモニタリング，医薬品品質管理に至るまで幅広い．錠剤の検査では各成分の分布のほかに溶解性の評価なども重要である．**図 3.43** はラマンイメージングによる薬剤中の成分分布観察の例である．50 µm ステップの場合には，アスピリン（赤），パラセタモール（緑），カフェイン（青）が均質に分布しているように見える．10 µm ステップの場合は第 4 の微量成分であるセルロース（黄）が検出され，錠剤全領域に分布していることがわかる．2 µm ステップの場合はセルロースの形と大きさを明瞭に観察できる．

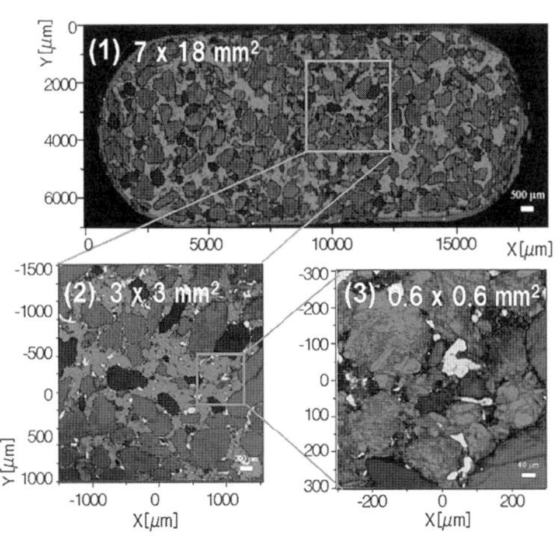

1 50µm ステップ（540 秒）

- 50,000 点の測定が 10 分以内に完了
- 均質に成分が分布している

2 10µm ステップ

- 第 4 の微量成分であるセルロース（黄）が検出され、錠剤全領域に分布していることが判明

3 2µm ステップ

- セルロース粒の形と大きさを明瞭に観察

アスピリン（赤）、パラセタモール（緑）、カフェイン（青）、セルロース（黄色）

図 3.43 ラマンイメージングによる薬剤分布観察．（1）50 µm ステップ，（2）10 µm ステップ，（3）2 µm ステップ

【出典】提供：株式会社堀場製作所
口絵 5 参照

3.16.4 ラマン分光法の医学応用

ラマン分光法の医学応用の先駆けとなる研究が1970年代に行われた[37]．なかでも注目されるのは，Thomasらによるウイルスの研究とYuらによる眼の水晶体の研究である[37]．Thomasらは生きたウイルスのラマンスペクトルを測定し，ウイルスの中に含まれるタンパク質や核酸の構造を非破壊で調べた．Yuらはラットやマウスの水晶体のラマンスペクトルを測定し，水晶体タンパク質の二次構造やSH→S–S変換などについてやはり非破壊で追跡した．本格的な病気への応用は1982年に報告された尾崎らによる白内障の研究[38]が最初であろう．彼らは白内障の研究と水晶体の加齢の研究を並行して進めた．加齢の場合は，水晶体の中の水の量が減少していくこと，一方，白内障形成の場合は，水の量が増えていくことを明確に非破壊でとらえることができた．40年前に生体組織中の水の変動をラマンで捉えることができたということで，非常に注目を集めた．さらに白内障の形成に伴って水晶体タンパク質のいくつかのチロシン残基の微環境が変化することもわかった．

ラマン分光法を用いた医学応用の研究は2000年代になって大きく進歩し，ラマン分光によるがん診断へ向けた研究が活発化してきた[39]．ヒトがん細胞の *in vitro* 計測，ヒトがん組織の *ex vivo* 計測，マウス胃がんの *in situ* 計測などが行われた．その中で微小ラマン光ファイバー，光ファイバーラマンプロー

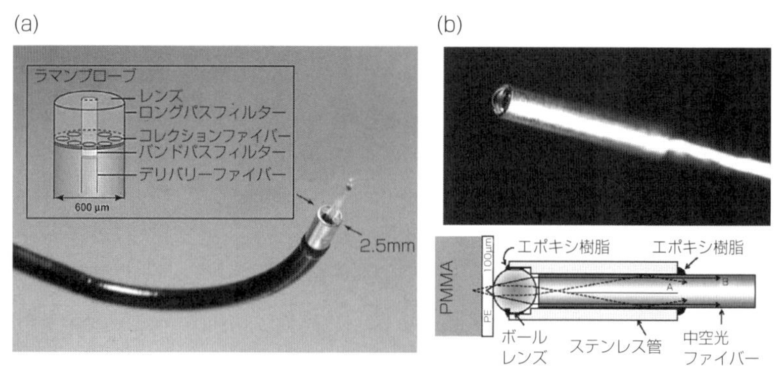

図 3.44 (a) マウス用内視鏡，および (b) ラマンプローブ[40]

ブ，ラマン内視鏡などが開発された．佐藤ら[40]は小型ラマン内視鏡，中空ファイバーラマンプローブ，大腸がんモデルマウスを組み合わせて，大腸がんの進行を生きたまま捉えること，抗がん剤の治療効果を *in situ* で追跡できること

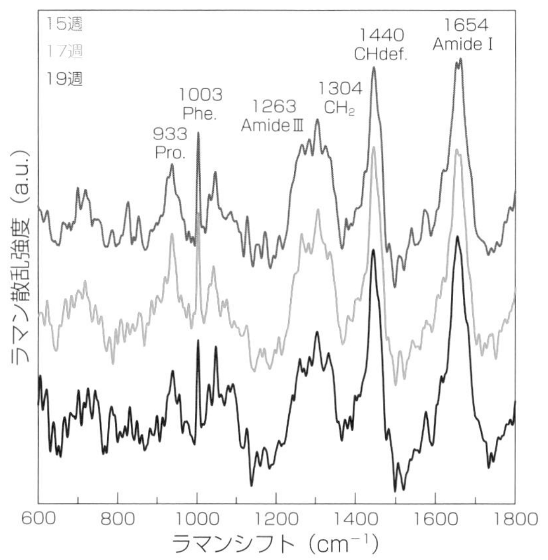

図 3.45　生後 15 週，17 週，19 週のラット大腸がんのラマンスペクトル

【出典】A. Taketani, B. B. Andriana, H. Matsuyoshi, H. Sato : *Analyst*, 10, 1039（2017）

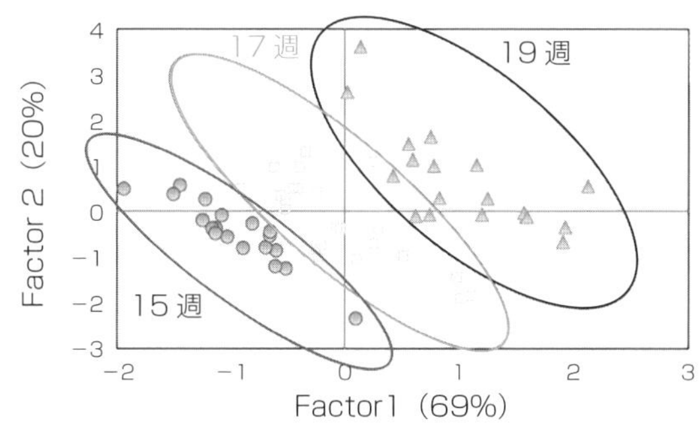

図 3.46　生後 15 週，17 週，19 週のラット大腸がんのラマンスペクトルの最小二乗回帰（PLSR）の Factor 1 と 2 のスコアプロット

【出典】A. Taketani, B. B. Andriana, H. Matsuyoshi, H. Sato : *Analyst*, 10, 1039（2017）

などの研究を行った．**図 3.44**(a)，(b) は佐藤ら[40]によって開発されたマウス用内視鏡およびラマンプローブを示す．彼らは世界で初めて，同一個体の同一腫瘍から生きたままラマンスペクトルを経時的に取得することに成功した[41]．**図 3.45** は生後 15，17，19 週のラット大腸がんのラマンスペクトルである[41]．アミド I，アミド III などタンパク質のバンドが多く観測されている．これらのスペクトルの変化を解析するために，佐藤ら[42]は最小二乗回帰（PLSR）分析を行った．**図 3.46** は PLSR の Factor 1 と 2 のスコアプロットを示す．各週のデータははっきりと分かれた．**図 3.47**(a) は Factor 1 と 2 のローディングプロットである．さらにコラーゲン I のラマンスペクトルを上下反転させたスペクトルを図 3.47(b) に示す．図 3.47 の結果は腫瘍の進行に応じたコラーゲン I の減少を，生きたまま非染色で捉えた可能性がある．佐藤ら[42]はさらに抗がん剤の効果についても生きたままのラットに対しラマン内視鏡とファイバープローブを用いて調べることに成功した．

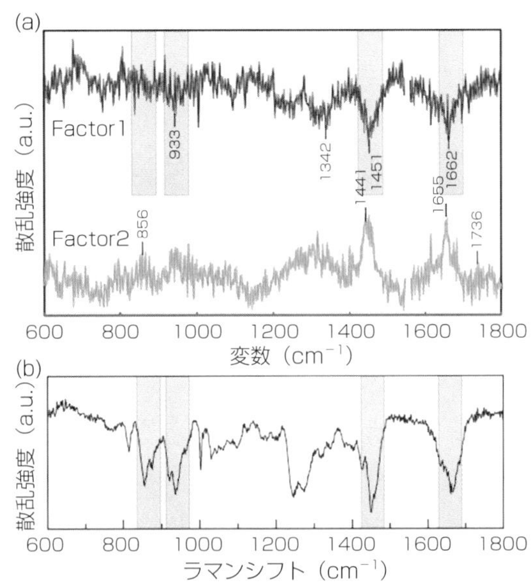

図 3.47 (a) Factor 1，Factor 2 のローディングプロット．(b) コラーゲン I のラマンスペクトルを上下反転させたスペクトル

【出典】A. Taketani, B. B. Andriana, H. Matsuyoshi, H. Sato : *Analyst*, 10, 1039（2017）

3.16.5 ラマン分光法の基礎生物学への応用

基礎生物学への応用例としてマウス胚の成長と質の評価について紹介する[43]．すべての受精卵が生存可能というわけではない．したがって胚の質の評価はきわめて重要である．胚の質の評価は通常，割球の形態によって決定され

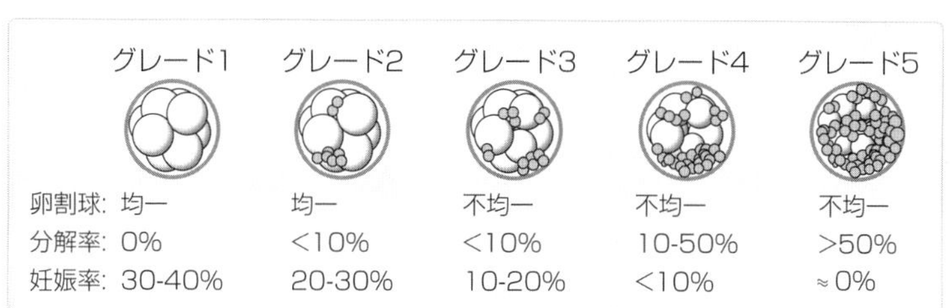

図 3.48 マウス胚の Grading

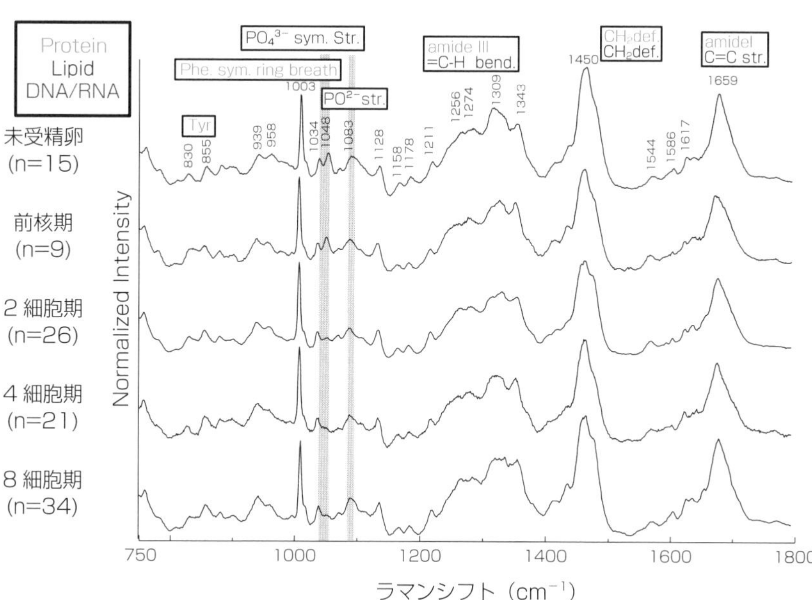

図 3.49 未受精卵，前核期，2 細胞期，4 細胞期，8 細胞期のマウス胚の平均ラマンスペクトル[43]

る．石垣ら[43]はラマン分光法を用いて分子レベルでの胚の成長と質の評価を試みた．**図 3. 48** はマウス胚の Grading を示す．**図 3. 49** は，未受精卵，前核期，2 細胞期，4 細胞期，8 細胞期の平均ラマンスペクトルを示す．タンパク質，脂質，DNA/RNA のバンドが観測されている．**図 3. 50**(a) はそれぞれの成長段階におけるラマンスペクトルの PCA スコアプロットを示す[43]．いずれのスコアプロットも high grade のものと low grade のものに分けられる．図 3.50 (b) はスコアプロットのローディングプロットである．ローディングプロットの結果は，胚の質はいずれも脂質とハイドロキシアパタイトが関与していること，とくにこの結果は low grade のものでは脂質とハイドロキシアパタイトの量が多いことを示している．さらに石垣ら[43]は 990–910 cm^{-1} に観測される α–ヘリックスと β–構造のラマンバンドの比から胚の成長に伴って α–構造の量

(a) スコアプロット

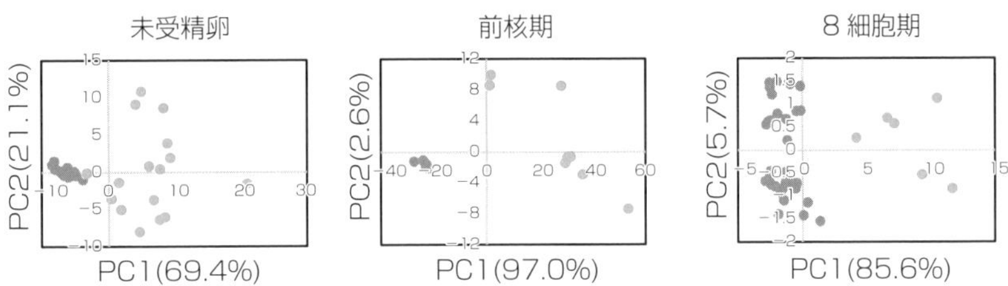

(b) ローディングプロット : PC1

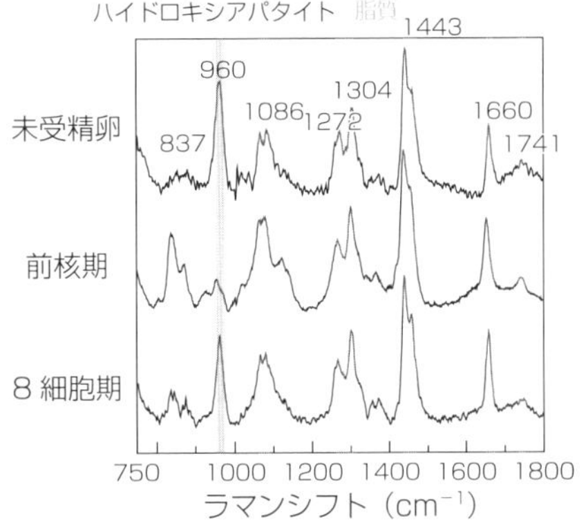

図 3. 50 (a) それぞれの成長段階におけるラマンスペクトルの PCA スコアプロット，(b) それらに対応するローディングプロット[43]．

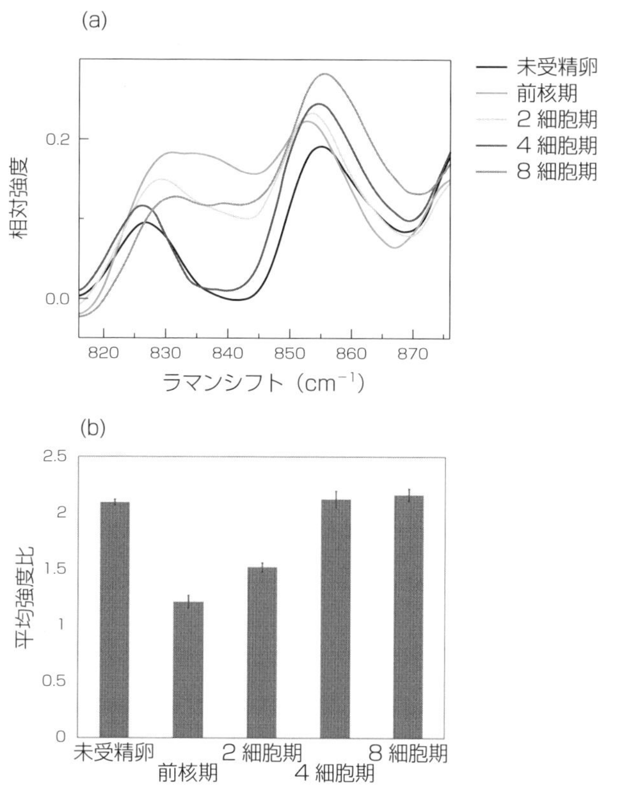

図 3.51 (a) 胚のすべての成長段階におけるラマンスペクトルの 870–820 cm^{-1} の領域，(b) 各成長段階におけるチロシンダブレットの強度比，I_{855}/I_{830} [43)]

が増えることを示した．**図 3.51**(a) はすべての成長段階におけるラマンスペクトルの 870–820 cm^{-1} の領域を示す．この領域に観測されるダブレットはチロシンダブレット（フェルミ共鳴，p.139）と呼ばれるもので，2 本のバンドの強度比，I_{855}/I_{830} はチロシンの OH 基の水素結合やイオン化の状態を表す．図 3.51(b) に示すように，この比は前核期でいったん小さくなり，また胚の成長とともに増大する．石垣ら[43)]はチロシン残基の構造変化とタンパク質の二次構造変化が関係していると結論した．

ラマン分光法はシリコン，半導体，ポリマー，樹脂，ガラス，無機系材料，ゴム，二次電池，グラファイト，ナノカーボン系材料などおおよそありとあらゆる材料の構造，物性，反応の研究に用いられている．ポリマーの応用例はすでに2例紹介した（3.12節，3.15.3項）．

3.16.6 ラマン分光法のナノカーボン材料研究への応用

ラマン分光法を用いたナノ物質研究への応用例としてTERSを用いたグラフェンの研究を紹介する．グラフェンは通常のラマン分光法を用いても層数，欠陥，ひずみ，応力などを調べることができる．しかしながら，グラフェンの局所ナノ構造（＜100 nm）を調べるためには，通常のラマン分光では空間分解能が十分ではない．そこで最近TERSがグラフェンの局所ナノ構造を調べるのに用いられている．**図3.52**はエピタキシャルグラフェンのAFMイメージである[44]．このイメージのXを付けた場所（100 nmおき）の通常のラマンスペクトル（far-field）とTERSスペクトルのG'バンドの位置を比較したのが**図3.53**である．この結果から明らかなように，通常のラマンスペクトルでは場所依存性はまったく見られないのに対し，TERSの結果ははっきりと場所依存性を示している．**図3.54**は場所ごとにG‘バンドの位置がどのように変化するかを通常のラマンとTERSで比較したものである[44]．TERSにおけるバンドシフトからVantasinら[44]はグラフェンのridge（隆起）の部分と平坦な部分

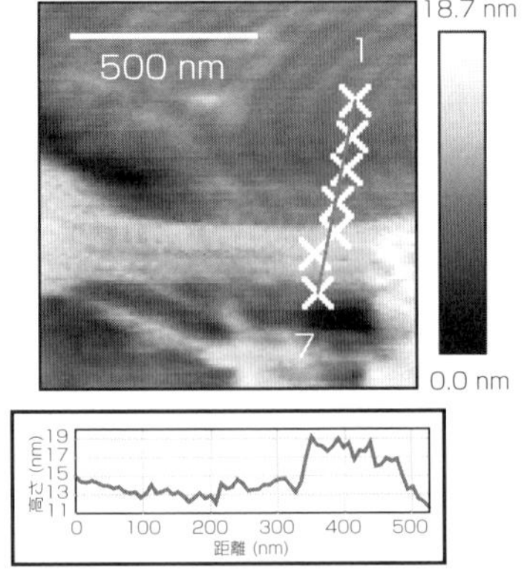

図3.52 エピタキシャルグラフェンのAFMイメージ[44]

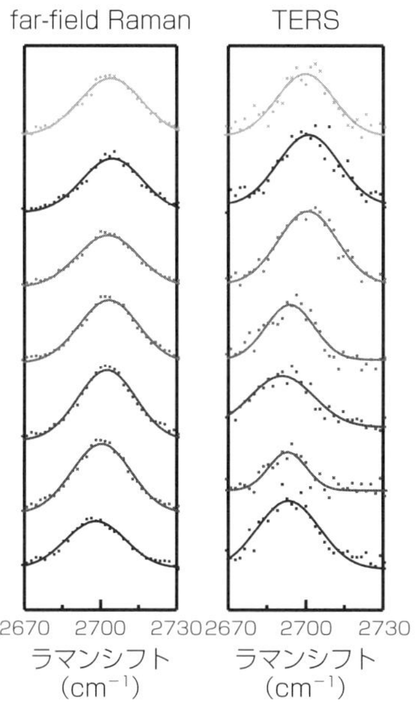

図 3.53 図 3.55 のイメージの X を付けた場所（100 nm おき）の通常のラマン散乱と TERS スペクトルの G′バンドの位置の比較[44]

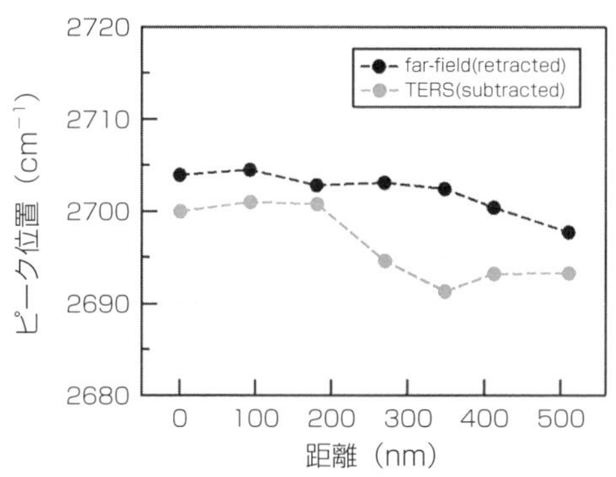

図 3.54 X の印をつけた場所で測定した G′バンドの位置．通常のラマンと TERS の比較[44]

で一軸性ひずみと二軸性ひずみにどの程度差があるかを見積もった．この研究はエピタキシャルグラフェンの nanoridge 上のひずみを定量的に見積もった最初の例である．

引用文献

1）濵口宏夫，岩田耕一編著：「ラマン分光法」，日本分光学会分光法シリーズ 1，講談社（2015）．
2）古川行夫：ラマン分光法，「赤外・ラマン分光法」（長谷川健編），日本分光学会分光測定入門シリーズ 6，講談社（2009）．
3）北川禎三，A. T. Tu：「ラマン分光学入門」，化学同人（1988）．
4）伊藤紘一，尾崎幸洋訳，Paul R. Carey 著：「ラマン分光法」，共立出版（1982）．
5）日本化学会編：実験化学講座「分光 I」，第 4 章ラマン分光法，丸善（1990）．
6）Y. Itoh, T. Hasegawa : *J. Phys. Chem. A*, **116**, 5560（2012）.
7）W. H. Nelson, P. R. Carey : *J. Raman Spectrosc.*, **11**, 326（1981）.
8）T. G. Spiro, T. C. Strekas : *Proc. Nat. Acad. Sci. USA*, **69**, 2622（1972）.
9）I. Suzuka, N. Mikami, Y. Udagawa, K. Kaya, M. Itoh : *J. Chem. Phys.*, **57**, 4500（1972）.
10）W. Holzer, W. F. Murphy, H. J. Bernstein : *J. Chem. Phys.*, **52**, 399（1970）.
11）R. Takeshima, Y. Hattori, S. Managaki, M. Otsuka : *Int. J. Pharm.*, **530**, 256（2017）.
12）D. A. Woods, C. D. Bain : *Analyst*, **137**, 35（2012）.
13）X. Dou, Y. Yamaguchi, H. Yamamoto, H. Uenoyama, Y. Ozaki : *Appl. Spectrosc.*, **50**, 1031（1996）.
14）J. Dong, Y. Ozaki, K. Nakashima : *Macromolecules*, **30**, 1111（1997）.
15）K. B. Beć, D. Karczmit, M. Kwaśniewicz, Y. Ozaki, M. A. Czarnecki : *J. Phys. Chem. A*, **123**, 4431（2019）.
16）T. Hasegawa: *Quantitative Infrared Spectroscopy for Understanding of a Condensed Matter*, Springer, Tokyo（2017）.
17）A. T. Tu : *Raman Spectroscopy in Biology*, Wiley-Interscience（1982）.
18）藤田克昌：ラマン散乱による分子イメージング，「1 分子ナノバイオ計測」（野地博行編），化学同人（2014）．
19）山本茂樹：分光研究，**62**，159（2013）．
20）T. Shimoaka, M. Sonoyama, H. Amii, T. Takagi, T. Kanamori, T. Hasegawa : *J. Phys. Chem. A*, **123**, 3985（2019）.
21）S. Yamamoto, E. Ohnishi, H. Sato, H. Hoshina, D. Ishikawa, Y. Ozaki : *J. Phys. Chem.* B, **123**, 5368（2019）.
22）M. Fleischmann, P. J. Hendra, A. J. McQuillan : *Chem. Phys. Lett.*, **26**, 163（1974）.

23) D. L. Jeanmaire, R. P. Van Duyne : *J. Electroanal. Chem.*, **84**, 1 (1977).
24) M. G. Albrecht, J. A. Creighton : *J. Am. Chem. Soc.*, **99**, 5215 (1977).
25) 伊藤民武：分光研究，**64**，381 (2015).
26) a) 山本裕子，光学，**46**，483 (2017). b) 山本裕子，伊藤民武，尾崎幸洋，化学，**70**，64 (2015).
27) K. Kneipp, Y. Ozaki, Z.-Q. Tian: *Recent Developments in Plasmon-Supported Raman Spectroscopy, 45 Years of Enhanced Raman Scattering*, World Scientific (2018).
28) T. Itoh, Y. Yamamoto, Y. Ozaki : *Chem. Soc. Rev.*, **46**, 3904 (2017).
29) B. Pettinger, U. Wenning, D. M. Kolb : *Ber. Bunsenges. Phys. Chem.*, **82**, 1326 (1978).
30) K. Kneipp, Y. Wang, H. Kneipp, I. Itzkan, R. R. Dasari, M. S. Feld : *Phys. Rev. Lett.*, **76**, 2444 (1996).
31) S. Nie, S. R. Emory : *Science*, **275**, 1102 (1997).
32) H. Xu, E. Bjerneld, M. Kell : *Phys. Rev. Lett.*, **83**, 4357 (1999).
33) 鈴木利明，尾崎幸洋：チップ増強ラマン散乱—原理と応用「プラズモンナノ材料開発の最前線と応用，第10章」(山田淳編著)，シーエムシー出版 (2013).
34) 岩田耕一：分光研究，**69**，21 (2020).
35) 加納英明：分光研究，**68**，51 (2019).
36) M. Ishigaki, P. Meksiarun, Y. Kitahama. L. Zhang, H. Hashimoto, T. Genkawa, Y. Ozaki : *J. Phys. Chem. B*, **121**, 8046 (2017).
37) Y. Ozaki : *Appl. Spectrosc. Rev.*, **24**, 259 (1988).
38) Y. Ozaki, A. Mizuno, Y. Kamada, K. Itoh, K. Iriyama : *Chem. Lett.*, **11**, 887 (1982).
39) 医療と生物学に貢献する光計測技術，レーザー研究特集号，2019年2月号
40) T. Katagiri, Y. S. Yamamoto, Y. Ozaki, Y. Matsuura, Y. Matsuura, H. Sato : *Appl. Spectrosc.*, **63**, 103 (2009).
41) A. Taketani, R. Hariyani, M. Ishigaki, B. B. Andriana, H. Sato : *Analyst*, **138**, 4183 (2013).
42) A. Taketani, B. B. Andriana, H. Matsuyoshi, H. Sato : *Analyst*, **10**, 1039 (2017).
43) M. Ishigaki, K. Hashimoto, H. Sato, Y. Ozaki : *Sci. Rep.*, **7**, 43942 (2017).
44) S. Vantasin, I. Tanabe, Y. Tanaka, T. Itoh, T. Suzuki, Y. Katsuma, K. Ashida, T. Kaneko, Y. Ozaki : *J. Phys. Chem. C*, **118**, 25809 (2014).

索　引

【あ】

【か】

【さ】

【た】

【な】

【は】

【ま】

【や】

【ら】

【わ】

Memorandum

Memorandum

[著者紹介]

長谷川　健（はせがわ　たけし）
1993 年　京都大学大学院理学研究科化学専攻博士後期課程中退
1995 年　京都大学博士（理学）
現　在　京都大学化学研究所　教授
専　門　物理化学，分析化学，振動分光学
主　著　「スペクトル定量分析」，講談社サイエンティフィク（2005）
“Quantitative Infrared Spectroscopy for Understanding of a Condensed Matter”, Springer（2017）

尾崎　幸洋（おざき　ゆきひろ）
1978 年　大阪大学大学院理学研究科無機及び物理化学専攻博士課程修了（理学博士）
現　在　関西学院大学　名誉教授，豊田理化学研究所　客員フェロー
専　門　分子分光学，物理化学，分析化学
主　著　「近赤外分光法」，講談社サイエンティフィク（2015）［編著］
“Far-and Deep-Ultraviolet Spectroscopy”, Springer（2015）［共編］
“Molecular Spectroscopy: A Quantum Chemistry Approach”, Vol. 1 & Vol. 2, Wiley-VCH（2019）［共編］

分析化学実技シリーズ
機器分析編 2
赤外・ラマン分光分析

Experts Series for Analytical Chemistry
Instrumentation Analysis : Vol.2
Infrared Spectroscopy &
Raman Spectroscopy

2020 年 9 月 30 日 初版 1 刷発行
2023 年 9 月 10 日 初版 2 刷発行

検印廃止
NDC 433.57
ISBN 978-4-320-04458-6

編　集　（公社）日本分析化学会　©2020

発行者　南條光章
発行所　**共立出版株式会社**
〒112-0006
東京都文京区小日向 4-6-19
電話　03-3947-2511（代表）
振替口座 00110-2-57035
www.kyoritsu-pub.co.jp

印　刷
製　本　藤原印刷

一般社団法人
自然科学書協会
会員

Printed in Japan